伝熱工学

Heat Transfer

工学

新装第2版

一色 尚次・北山 直方 共著

森北出版株式会社

●本書のサポート情報を当社Webサイトに掲載する場合があります．
下記のURLにアクセスし，サポートの案内をご覧ください．

https://www.morikita.co.jp/support/

●本書の内容に関するご質問は，森北出版 出版部「（書名を明記）」係宛
に書面にて，もしくは下記のe-mailアドレスまでお願いします．なお，
電話でのご質問には応じかねますので，あらかじめご了承ください．

editor@morikita.co.jp

●本書により得られた情報の使用から生じるいかなる損害についても，
当社および本書の著者は責任を負わないものとします．

■本書に記載している製品名，商標および登録商標は，各権利者に帰属
します．

■本書を無断で複写複製（電子化を含む）することは，著作権法上での
例外を除き，禁じられています．複写される場合は，そのつど事前に
（一社）出版者著作権管理機構（電話03-5244-5088，FAX03-5244-5089，
e-mail：info@jcopy.or.jp）の許諾を得てください．また本書を代行業者
等の第三者に依頼してスキャンやデジタル化することは，たとえ個人や
家庭内での利用であっても一切認められておりません．

新装第2版の発行にあたって

　1971年に初版を発行して以来，45年以上が経過しました．その間，多くの学校で本書を教科書としてご採用いただきました．このたび，採用者様からのご意見も踏まえ，よりいっそう使いやすい教科書となるように，新たに新装第2版として発行する運びとなりました．

　なお，新装第2版の発行に際しては，福島工業高等専門学校 准教授 一色誠太先生，および日本大学 教授 佐々木直栄先生にご協力いただきました．この場をお借りしてお礼申し上げます．

2018年9月

出 版 部

まえがき

　エネルギー革命といわれた原子力開発が始まって以来，伝熱に関する学問や技術は急激に発達して伝熱工学として体系づけられてきた．そして，その学問の必要性も最近とみに増大してきたことはよく知られているとおりである．

　大学・高専において，この伝熱工学を講義してその実を挙げるには，適当な専門書によって講義を進め，演習問題を練習し，かつたがいに熱心な討議を行うという形式が理想であろう．また，実際の熱関係の工業に従事したり，熱管理士を志している現場の若い技術者に対しても懇切な専門書を推薦できれば，このうえない喜びである．

　いままで伝熱工学に関する参考書，専門書はかなり多く出版されており，それらはそれぞれ特色をもっているが，わかりやすく，しかも演習の効果をあげられるくだけた本の出版がさらに期待されているようである．

　このようなとき，われわれに森北出版 (株) より "伝熱工学" の専門書を著述してほしい旨の依頼があった．伝熱工学の講義に携わるわれわれとしては，上に述べた期待に沿い，この新しい専門書の著述を試みる意義と使命を感じ，微力ながらその依頼を引き受けたしだいである．

　さて著述に当たっては，大学および工業高等専門学校の上級用教科書を主目標にはするが，熱工学の現場に携わる技術者にも直接に役立つものであるように努力したこと，全体はできるだけコンパクトにまとめたが，基礎となる一連の事項は懇切平易に解説したこと，また，内容をよく理解できるよう考えられた研究や演習問題，それも単なる計算ばかりでなく，くだけた説明問題を豊富にして生きた討議ができるようにしたことなどの点に留意して本書の著述に当たった．実際でき上がったものには多くの不備の点もあることと思うので，読者の御叱責，御意見を賜わればたいへん有難いことと思う．

　熱をもって人を動かすという言葉があるように，熱は人の心の中にもあるものと思う．この伝熱工学の本が，おおいに具体的な伝熱技術の向上に役立つことを希望するばかりでなく，本書に込めようとしたわれわれの熱意が少しでも読者の心に伝わるものがあれば幸いである．

　本書の執筆に当たっては，最近出版された多くの専門書を参考にしたので巻末に代表的な書名を記して謝意を表したい．

　なお，森北出版の池田広好氏には終始多大の御助力を賜わったので厚く感謝の意を表するものである．

昭和 46 年 1 月

著　　者

目 次

1章　伝熱工学はどのような学問か 1
1.1　伝熱工学はどのように進んできたか 1
1.2　伝熱工学の構成とそれをどのように理解するか 2
1.3　伝熱工学の将来 2

2章　熱はどのように伝わるか 4
2.1　熱伝導 4
2.2　熱伝達 5
2.3　熱放射（熱ふく射） 5
2.4　熱通過 6
演習問題 6

3章　熱伝導に関する基本事項 7
3.1　熱伝導について 7
3.2　熱流束 7
3.3　温度場 7
3.4　フーリエの法則 8
3.5　熱伝導率 9
　　　3.5.1　気体の熱伝導率　9
　　　3.5.2　液体の熱伝導率　10
　　　3.5.3　固体の熱伝導率　10
演習問題 11

4章　熱伝導の計算はどのように取り扱うか 13
4.1　平行平面板 13
4.2　重ねた平行平面板 14
演習問題 15

5章　温度変化が直線的ではない場合の熱伝導 17
5.1　円管の熱伝導 17
5.2　球状壁の熱伝導 19
演習問題 20

6章　非定常熱伝導はどのように取り扱うか 22
6.1　非定常熱伝導の基本式 22
6.2　非定常熱伝導の数値解法 25

iv 目次

演習問題 …………………………………………………………… 28

7章 熱通過の計算はどのように取り扱うか 30

7.1 熱伝達率 ……………………………………………………… 30
7.2 平板壁の熱通過 ……………………………………………… 30
7.3 円管の熱通過 ………………………………………………… 34
7.4 熱伝達率と熱通過率の実例 ………………………………… 36
演習問題 …………………………………………………………… 38

8章 熱交換器における熱移動の形式について 40

8.1 隔板式熱交換器 ……………………………………………… 40
    8.1.1 並流 40
    8.1.2 向流 41
    8.1.3 直交流 41
8.2 蓄熱式（再生式）熱交換器 ………………………………… 42
8.3 直接接触式熱交換器 ………………………………………… 42
演習問題 …………………………………………………………… 44

9章 熱交換器の伝熱はどのように計算するか 45

9.1 熱交換器における伝熱の計算 ……………………………… 45
演習問題 …………………………………………………………… 48

10章 側方に放熱のある板（柱）とひれつき面の伝熱の計算 50

10.1 側方に放熱のある板（柱）の伝熱 ………………………… 50
10.2 ひれつき面の伝熱はどのように計算するか ……………… 54
演習問題 …………………………………………………………… 57

11章 対流熱伝達に関する基本事項 59

11.1 速度境界層と温度境界層 …………………………………… 59
11.2 熱伝達率 ……………………………………………………… 61
11.3 無次元数の定義 ……………………………………………… 62
    11.3.1 レイノルズ数 62
    11.3.2 ヌセルト数 63
    11.3.3 プラントル数 64
    11.3.4 グラスホフ数 66
演習問題 …………………………………………………………… 70

12章 強制対流熱伝達のメカニズムはどのように解析するか 71

12.1 境界層方程式の数学的解析 ………………………………… 71
    12.1.1 連続の式 72
    12.1.2 運動量の式 73

12.1.3　エネルギーの式　　76
　12.2　実験と組み合わされた次元解析 ······················· 78
　　　12.2.1　基本単位と次元式　　78
　　　12.2.2　バッキンガムの π-定理　　79
　　　12.2.3　無次元数の決定　　80
　演習問題 ·· 83

13 章　対流熱伝達に関する実験式　　84
　13.1　対流熱伝達の各種実験式 ······························ 84
　演習問題 ·· 88

14 章　沸騰の熱伝達はどのように行われるか　　89
　14.1　沸騰熱伝達の様相 ································· 89
　14.2　沸騰熱伝達の問題点 ······························ 95
　　　14.2.1　沸騰曲線の形とそれに影響する因子　　95
　　　14.2.2　核沸騰熱伝達における熱伝達率　　95
　　　14.2.3　バーンアウト熱流束の値　　97
　演習問題 ·· 97

15 章　凝縮を伴う熱伝達はどのように行われるか　　99
　15.1　凝縮を伴う熱伝達について ······················ 99
　15.2　膜状凝縮と滴状凝縮 ································ 100
　15.3　凝縮熱伝達係数を支配するもの ·················· 100
　15.4　膜状凝縮の熱伝達率 ······························ 101
　15.5　滴状凝縮の熱伝達率 ······························ 102
　演習問題 ·· 103

16 章　放射伝熱はどのように行われるか　　104
　16.1　放射伝熱の概念 ································· 104
　16.2　熱放射の基本法則 ································ 105
　　　16.2.1　プランクの法則　　105
　　　16.2.2　ステファン–ボルツマンの法則　　107
　　　16.2.3　キルヒホッフの法則　　108
　　　16.2.4　ランバートの法則　　109
　16.3　高温ガスの熱放射 ································ 111
　演習問題 ·· 113

17 章　二面間の放射伝熱の計算はどのように行うか　　114
　17.1　黒体二面間のとき ································ 114
　17.2　平行二平面のとき ································ 117
　演習問題 ·· 119

18 章　物質伝達はどのように行われるか　　121

18.1　物質伝達とはどのようなものか ………………………… 121

18.2　拡散と拡散係数 ………………………………………… 122

18.3　濃度境界層 ……………………………………………… 123

18.4　物質伝達と熱伝達の相似 ……………………………… 124

18.5　吹き出し境界層による冷却 …………………………… 125

18.6　燃焼における物質伝達はどのように行われるか ……… 126

演習問題 ……………………………………………………… 127

演習問題解答 ……………………………………………………… 129

熱に関する主要単位換算率表 ……………………………………… 148

参考文献 …………………………………………………………… 149

索　引 ……………………………………………………………… 150

1 伝熱工学はどのような学問か

1.1 伝熱工学はどのように進んできたか

　われわれの日常生活での熱の利用は，そもそも体温を保つ衣服，住居，炊事などに始まり，冷暖房，空気調和，冷凍，乾燥など，その種類と量は多大なものである．また，自然界における熱現象も，太陽熱による大気や地表の加熱，空気の乾湿の変化，地下温度の変化，温泉の発生，海洋の温度差の発生などきわめて多岐多種にわたっていて，人類の生活に切っても切れない関係がある．

　これらの熱現象を科学的に体系づけることは，まず，熱力学の第一法則や第二法則に示されるような古典熱力学に始まり，熱がエネルギーの代表的な形態であること，およびその流れる方向は必ず高温より低温に向かうものであるという方向性が確認された．その段階において，まず熱効率や収率に重点がおかれた各種熱機関の基本的サイクルや化学工業などの基本的プロセスが開発され，原子力を除き，現在みられる多くの熱的器材の原形がすでに 20 世紀初頭までに世に現れた．これは熱工学的にその第 1 期であるといえる．一例をあげていえば，とにかく，蒸気機関はボイラ，タービンおよびコンデンサを使用すればよいということだけがわかった段階である．

　ところが，科学の進歩や競争などによって技術は第 2 期の段階に入って，ボイラやタービンなどをどのように小型化，高性能化し，かつ損失を減らせばよいかという問題が生じてきた．この段階で初めて，単に熱エネルギーの形態変化と移動方向だけでなく，その移動する速さ，つまり伝熱の速度についての知識と工学が必要となってきた．それが伝熱工学である．

　そもそも，伝熱工学の基礎は工学的要求が切実となるより以前に，フーリエ（1768〜1830）の熱伝導に関する法則の発見と熱伝導理論の開発，ニュートン（1642〜1727）による冷却の法則の発見，プランク（1858〜1947）による黒体の熱放射の法則などの物理的法則が知られていた．しかも，技術に結びついた実際的な工学としては，20 世紀の中盤にシャック（A. Schack, *"Der Industrielle Wärmeübergang"* 1948），ヤコブ（M. Jakob, *"Heat Transfer"* 1949）などがそれまでの伝熱についての断片的な知識を統合整理して，それぞれ書物を著したことで確立されたといえよう．

　伝熱工学は第 2 期で終わらず，人類第 3 の火の発見といわれる原子核エネルギーの

開発による原子力平和利用技術の台頭とともに，原子力を効率よく，かつ経済的に利用することと安全を確保する必要から，伝熱に関するさらに精密な知識とその応用がきわめて切実なものとして必要となってきた．そのため，伝熱工学に関する研究や実験が急激に盛んになり，それに従事する研究者，いわゆる伝熱工学者の数も飛躍的に増大してきた．一方，原子力に続いて現れた各種直接発電方式の探究，宇宙開発の発展，海洋・極地などの特殊領域の開発，公害の除去など，環境改善の工学の多くの要求も伝熱工学の進展をおおいに助けることとなった．

このような伝熱工学の開花は伝熱工学の第3期であるといわれる．単に原子力や熱機関，各種熱交換器や化学工業などの本来の熱器材にとどまらず，金属やプラスチックの生産，熱処理，鋳造，切削などの加工，建築と気象の調和，道路の加熱や除雪，農業や水産製品の処理，排ガスや廃棄物の再処理など，あらゆる工学的部門で伝熱に関する知識が必要とされ，その基礎知識の修得は必須の要件となってきたのである．

1.2　伝熱工学の構成とそれをどのように理解するか

伝熱工学は以上のように広く応用され，重要性を増している．しかし，その内容は，どのような伝熱現象も 2.1～2.3 節で述べるように，熱伝導と熱伝達と熱放射の三つの基本事項と物質伝達のそれぞれ，もしくはいくつかの複合より成り立っているに過ぎない．

そのため，伝熱工学を理解するには，これらの基本現象を個別に理解することが必要である．そして複雑な現象に対しては，その現象を支配している主な法則をまず見抜いて，基本現象に分けるテクニックが重要となり，それには多くの練習が必要となる．

熱工学を本当に自分のものにするのには，ただ単に難しい理論を追うばかりでなく，1.1 節の初めに述べたような日常生活や自然界に起こっている伝熱現象を謙虚にみつめて，たとえば湯を沸かしたり寒風に身をさらす体験からでも，文字どおり身をもって伝熱を体得することも，またきわめて重要ではないかと信じている．

1.3　伝熱工学の将来

上記のように，伝熱工学は現在ではエネルギーや資源開発を主とする多くの機械工学的，化学工学的方面に利用されている．伝熱工学の将来を考えるときはもちろん，その方面への進歩，たとえば，高効率ガスタービン翼の全面膜冷却技術の向上によるLNG 火力発電の高効率化，スーパーコンピュータのCPU の高度な冷却技術の進歩な

どにも重要であり，伝熱工学の主要命題として研究が進められると思われる．

　しかもそれ以外に，いままで必ずしも強く省みられていなかった多くの分野，たとえば医学的分野，動物植物を含めた生物学的分野，各種気象問題解析分野，材料力学や物性と関連する分野，公害除去を含めた環境工学の分野，電子機器の冷却，衣服住居調理を含めた生活科学の分野などの人間的な広い領域にその応用が向けられ，人間の生活と社会の真の進歩のために活用されることと思う．

　とくに工学と工業が人間の生活と社会に，物理的にも精神的にも拡散し超越されるポストエンジニアリングソサエティ（脱工業化社会）の将来においては，人間の起源以来ともに成長してきたこの伝熱についての知識が，さらに人間の生活と社会の中に完全に溶け込んですべての人間活動と調和されるべきものであって，その方向をめざしつつ，伝熱工学はさらに深く掘り下げられて広く伝えられる必要があると考えられる．

2 熱はどのように伝わるか

たとえば図 2.1 のように，水管ボイラを燃焼室内の火炎ガスで熱して水管内の水の温度を上昇させる場合を考える．このとき，火炎ガスのもつ熱はどのように水へ伝わるのだろうか．

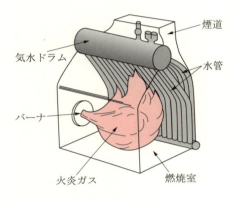

図 2.1 水管ボイラ

一般に伝熱工学では，このような伝熱（もしくは熱移動）の形式を，熱伝導，熱伝達および熱放射の三つに区別して扱う．

2.1 熱伝導

図 2.2 のようにボイラの水管の管壁部だけを考えると，その外壁は火炎ガスに接しているため高温であり，内壁はボイラ水に接しているため低温である．熱はこの水管の管壁部の内部を高温部から低温部へ移動する．このような伝熱形式を **熱伝導**（conduction）とよぶ．

熱伝導は固体（あるいは静止している流体）の内部に生じる伝熱形式であり，熱は温度の高い分子から，それに接する温度の低い分子へとつぎつぎと分子間を直接伝わっていく．この伝熱の方向は，**熱力学の第二法則**により，必ず高温側から低温側に向かう．

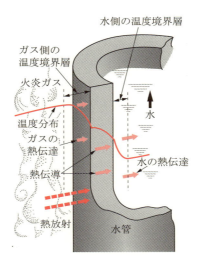

図 2.2 ボイラ水管での伝熱

2.2 熱伝達

　火炎からボイラの鋼管外面壁へ，あるいは鋼管内面壁からボイラ水へ熱が伝わる場合のように，**熱伝達**（heat transfer）は運動している気体または液体から固体壁へ，あるいは逆に，固体壁から気体または液体に熱が伝わる伝熱形式であり，**対流**（convection）**熱伝達**ともいう．この場合，熱は気体または液体側に生じる境界層を通じて壁に伝わる．

　対流熱伝達は，その気体または液体の運動（もしくは対流）の原因により，**自然対流**（free convection）**熱伝達**と**強制対流**（forced convection）**熱伝達**とに区別される．

2.3 熱放射（熱ふく射）

　高温の火炎からボイラの鋼管外面壁へ直接に熱放射線によって熱エネルギーが移動する場合のように，熱エネルギーが中間の物質には無関係に，赤外線や可視光線を含む電磁波である熱線の形で伝達される伝熱形式を**熱放射**（radiation）もしくは**熱ふく射**という．熱線の一部はそれが衝突した物体の表面や内部で吸収され，残りは反射される．

6 | 2章 熱はどのように伝わるか

2.4 熱通過

　一般の熱移動では，上記の伝熱形式をあわせて考えるのがふつうであり，この場合，複合された熱の移動を**熱通過**（heat transmission）とよぶ．

　ボイラの水管断面での熱通過の様子を図示すると**図2.2**のようになり，ガスから水への熱通過は，ガス側の熱放射と対流熱伝達，管壁内の熱伝導，水側の対流熱伝達の四つの複合より成り立っている．

　以上の熱伝導，熱伝達，熱放射の三つの基本形式をもとに熱の移動を研究する学問が**伝熱学**である．とくに，工業上現れる伝熱の問題は**伝熱工学**（engineering heat transfer）として取り扱われ，どのように複雑でも，上の三つの基本形式に分解される．

演習問題

2.1 よく輝くアルミ箔をもんでゆるく詰めた保温材をアルフォイルという．このアルフォイルが熱絶縁に有効な理由を，熱移動の三つの形式をもとにして説明せよ．

2.2 冬山で遭難したときは以下のことがらに注意する必要がある．それぞれを伝熱工学的に説明せよ．
  (a) あらゆる衣類，紙などを着用する　　(b) 濡れた衣服は着用しない
  (c) 耳の先や指先などを保護する　　(d) 雪穴や岩かげへ入る
  (e) 二人以上のときはかたまりあう

2.3 Explain the process of heat transfer in the boiling water when an egg in it is heated and boiled hard.

2.4 魔法瓶の構造と断熱作用の原理について記せ．

2.5 以下の炉や熱機器において，対流熱伝達，熱伝導，固体よりの熱放射，ガスからの熱放射による伝熱形式を，作用の大きい順に並べよ．
  (a) 1000°C のカーボン発熱体をもつ電気炉
  (b) 1400°C の火炎が充満しているガス加熱炉（直径 1 m 以上）
  (c) ボイラの節炭器（エコノマイザ）　　(d) 室内の暖房用放熱器

2.6 低圧ボイラにおいては，燃焼ガスで空気を暖める空気予熱器と，給水を温める節炭器のどちらか一つを設置する場合，経済性を主目的とする場合には節炭器を付けるほうが効果があるという．以下はその理由の説明文である．（　）の中に"大きい"か"小さい"かを入れよ．
  (a) 水のほうが空気より熱伝達率が（　）ので，燃焼ガスから同一熱量を回収するための伝熱面積は，節炭器のほうが（　）．
  (b) 空気予熱器のほうが外部への熱損失が（　）．
  (c) 送風や給水用設備は，空気予熱器のほうが（　）．

3

熱伝導に関する基本事項

3.1　熱伝導について

　固体内の熱伝導は，日常生活においては，たとえば電気アイロン，電気はんだごて，厚肉の鉄鍋の壁，火ばし，厚肉のストーブの壁などから熱が徐々に伝わってくることにより体験できる．また工学においても，ボイラや熱交換器の壁，エンジンのひれ，厚肉のタービンのケーシング壁などにおいて熱伝導が存在し，利用されている．また逆に，熱の移動を小さくするためには衣服や保温材がある．

　このような**熱伝導**を律する主な法則は，つぎのようなものである．

3.2　熱流束

　物体内に熱の流れが存在するとき，単位時間当たりに流れる熱量の大きさを伝熱量 Q で表す．したがって，毎秒当たりの熱の移動量を扱う単位として W が用いられる．

　つぎに，微小面積 dA を単位時間に通過する熱量を dQ とするとき，単位面積・単位時間当たりの通過熱量の大きさは，

$$q = \frac{dQ}{dA} \ [\mathrm{W/m^2}]$$

で表され，この q を**熱流束**（heat flux）または**伝熱面熱負荷**という．熱流束の工学上の単位は $\mathrm{W/m^2}$ である．

　伝熱学において，熱の移動を取り扱うときは，一般に単位面積（$\mathrm{m^2}$），単位時間（s）当たりに移動する熱量，すなわち熱流束 q について考えることが多い．移動する全熱量 Q は，通過する面積を $A\,[\mathrm{m^2}]$ として，次式で求められる．

$$Q = qA \ [\mathrm{W}]$$

3.3　温度場

　固体または液体内の熱伝導を考えよう．まず，ある場所の温度 θ は，座標 x, y, z と時間 t の関数として，一般にはつぎのように表すことができる．

$$\theta = f(x, y, z, t)$$

ある時点において，固体内にこのように表された温度分布が存在するとき，3次元の温度場が存在するという．

ここで，温度場が時間 t とともに変わるときに生じる熱伝導を**非定常熱伝導**（unsteady heat conduction）といい，時間が変わっても温度場が変わらないときの熱伝導を**定常熱伝導**（steady heat conduction）という．

実際の熱移動では非定常熱伝導の場合も多いが，定常熱伝導のほうが理論的に取り扱いがやさしいため，熱伝導の基本となっている．

定常温度場を単純化して，図 3.1 のように固体内の温度勾配が x の方向だけに存在するものとする．このとき，温度分布は次式で表される．

$$\theta = f(x)$$

このような温度分布の状態を，**1 次元の定常温度場**という．

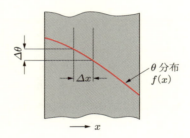

図 3.1　1 次元定常熱伝導

3.4　フーリエの法則

熱伝導により固体内部の熱の伝わる量を，数式を用いて定量的に取り扱うことにする．1 次元の温度場において，この伝熱量や熱流束はどのような形で表されるだろうか．

1822 年にフーリエは，材質が一定かつ一様な同一の固体内部の定常熱伝導においては，1 次元の温度場が考えられるとき，伝熱量は温度降下の勾配と，熱が流れる方向に直角な断面積とに比例することを見出した．

すなわち，温度降下が存在する方向（x 軸方向にとる）に，それに直角な微小面積 dA を通って通過する熱量 dQ は，式 (3.1) で表される．

$$\mathrm{d}Q = -\lambda \frac{\mathrm{d}\theta}{\mathrm{d}x}\mathrm{d}A \ [\mathrm{W}] \tag{3.1}$$

ここで，$-\mathrm{d}\theta/\mathrm{d}x$ は温度降下の存在する方向（x 軸方向）に沿った温度勾配であり，λ はその物質に特有な比例定数である．

式 (3.1) は**フーリエの法則**（Fourier's law）とよばれ，熱伝導の基本法則である．式 (3.1) より，熱流束 q は式 (3.2) のようになる．

$$q = \frac{\mathrm{d}Q}{\mathrm{d}A} = -\lambda \frac{\mathrm{d}\theta}{\mathrm{d}x} \ [\mathrm{W/m^2}] \tag{3.2}$$

3.5 熱伝導率

式 (3.1)，(3.2) で定義された比例定数 λ は**熱伝導率**（thermal conductivity）とよばれ，その単位は W/(m·K) である．

熱伝導率は，その物質内部において一定の温度勾配があるとき，そこを定常的に移動する熱量の大小を表す比例定数であり，その物質の種類とその状態（温度，圧力など）によって決まる物性値 * である．

また，W/(m·K) を $\dfrac{\mathrm{W}}{\mathrm{m^2 \cdot K/m}}$ と変形すると，熱伝導率は，単位長さ当たり 1°C の温度降下があるとき，単位時間に単位面積を流れる熱量を表すともいえる．

以下で，熱伝導率 λ の具体例を調べる．

●3.5.1 気体の熱伝導率

気体の熱伝導率は，$\lambda = 0.008 \sim 0.6 \ \mathrm{W/(m \cdot K)}$ の範囲である．気体の λ は圧力の影響をほとんど受けないが，温度には影響を受け，一般に温度の上昇によって λ も大きくなる．たとえば，圧力 101 kPa における空気の λ は，**表 3.1** のとおりである．

表 3.1 空気の熱伝導率（圧力 101 kPa）

$\theta\,[^\circ\mathrm{C}]$	$\lambda\,[\mathrm{W/(m \cdot K)}]$	$\theta\,[^\circ\mathrm{C}]$	$\lambda\,[\mathrm{W/(m \cdot K)}]$	$\theta\,[^\circ\mathrm{C}]$	$\lambda\,[\mathrm{W/(m \cdot K)}]$
-100	0.0157	20	0.0257	100	0.0316
-50	0.0200	40	0.0272	500	0.0562
-20	0.0224	60	0.0287	1000	0.0802
0	0.0241	80	0.0302		

---

* 密度や粘性係数なども物性値である．

10 | 3章 熱伝導に関する基本事項

●3.5.2 液体の熱伝導率

液体の熱伝導率は $\lambda = 0.09 \sim 0.7\,\mathrm{W/(m \cdot K)}$ の範囲であり，液体の中では水の λ は大きいほうである．気体と同様に圧力の影響はほとんど受けないが，温度の影響は受け，一般に，温度が高くなると λ は小さくなる．ただし，水の場合は例外であり，その値を**表 3.2** に示す（100 °C までは圧力 101 kPa における値であるが，100 °C 以上の温度では飽和圧力のもとでの値を示している）．

表 3.2 水の熱伝導率
（$\theta < 100\,°\mathrm{C}$ のとき 101 kPa，$\theta \geqq 100\,°\mathrm{C}$ のとき飽和圧力）

$\theta\,[°\mathrm{C}]$	$\lambda\,[\mathrm{W/(m \cdot K)}]$	$\theta\,[°\mathrm{C}]$	$\lambda\,[\mathrm{W/(m \cdot K)}]$
0	0.554	140	0.684
20	0.594	160	0.680
40	0.628	180	0.672
60	0.654	200	0.661
80	0.672	260	0.601
100	0.682	300	0.537
120	0.685		

●3.5.3 固体の熱伝導率

金属の λ はきわめて大きく，その一例を**表 3.3** に示す．金属の λ は電気伝導率にほぼ比例し，電気の良導体ほどその値も大きい．また，温度が高くなると λ は小さくなり，純粋の金属に比べ，種々の元素や化合物が含まれると λ の値は急に小さくなる．

また，断熱材（insulation material）もしくは保温材では $\lambda = 0.035 \sim 0.12\,\mathrm{W/(m \cdot K)}$ のものが多く，その値がきわめて小さいので，熱の絶縁や保温などに用いられる．有孔性固体の λ は，穴の細かいものほど小さく，また，乾燥しているものほど小さくなる．**表 3.4** に具体例を示す．

表 3.3 金属の熱伝導率

物質	$\lambda\,[\mathrm{W/(m \cdot K)}]$
鉄	$35 \sim 58$
ニッケル	$58 \sim 90$
黄銅	$86 \sim 92$
アルミニウム	203
金	295
銅	372
銀	419

表 3.4 断熱材の熱伝導率

物質	$\lambda\,[\mathrm{W/(m \cdot K)}]$
シリカエアロゲル	0.022
木材（マツ）	0.11
コルク板	0.038
グラスウール	0.040
羊毛	0.042

断熱材として，どのようなものが，どのように使用されているか調べよう．

 図 3.2（次ページ）は 20°C，大気圧を標準として，熱伝導率の値を横軸にとって図にまとめたものである．この図より，気体，液体，非金属，金属の熱伝導率がどのような特色をもって分布しているかを調べよう．

演習問題

3.1 水の熱伝導率は液体としては大きいほうである．飽和圧力下において，その最大値は，およそ何 °C のときか．表 3.2 を用いて調べよ．また，氷の λ の値は水の λ と比較して増加するか，減少するか．図 3.2 を用いて調べ，その理由を述べよ．

3.2 以下の文章は保温材の熱伝導率に関して述べたものである．誤りがあれば訂正せよ．
  (a) 良好な保温材は多くが多孔質である．その理由は，その隙間の中に空気が入っているためである．空気の熱伝導率はおよそ $0.023\,\mathrm{W/(m \cdot K)}$ であり，どのような固体よりも小さな値であるため，熱の流れが抑制されることになる．しかし，どのような良好な保温材でも，その熱伝導率は空気の熱伝導率より小さい値をとることはできない．
  (b) 水分を吸収すると，保温材の熱伝導率の値は急激に小さくなる．その理由は，水の熱伝導率の値が空気の約 1/25 倍であるからである．すなわち，少しでも水分が入ってくると，それだけ保温材の熱伝導率は小さくなる．

3.3 保温材に要求される主な工学的性質をあげよ．

3.4 図 3.3 のような平面壁の定常状態における内部の温度分布を考える場合，壁の材料の熱伝導率が温度に対して変化せず一定の場合には，温度分布は図 3.3 の直線 A で示される．壁の材料の熱伝導率が温度の上昇とともに上昇する場合には，温度分布は図の曲線 B，C のいずれの形に近づくか．

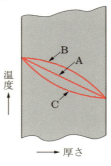

図 3.3

12　3章　熱伝導に関する基本事項

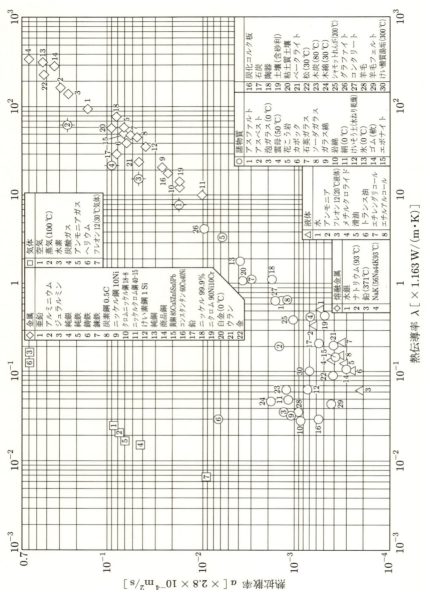

図3.2　諸物質の熱伝導率 λ と熱拡散率 a の値（20℃、大気圧を標準とする）

4 熱伝導の計算はどのように取り扱うか

1次元熱伝導の計算に必要なものは，熱伝導率の値とフーリエの法則である．以下では，基本的な場合の熱伝導の計算式を導く．

4.1 平行平面板

図4.1のような両面平行で厚さ L の均質な平面板があり，その熱伝導率 λ は一定であるとする．

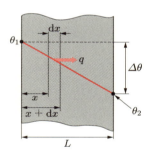

図 4.1

平面板の両境界面は一定温度 θ_1，θ_2 （$\theta_1 > \theta_2$）に保たれており，平面板内部の温度が板に垂直な x 軸方向に沿って変化する1次元定常温度場を考える．

板の内部に，表面から x および $x + \mathrm{d}x$ の距離にある二つの等温面ではさまれた厚さ $\mathrm{d}x$ の層を考える．このとき，この層を通る熱流束を q で表す．

フーリエの法則より，

$$q = -\lambda \frac{\mathrm{d}\theta}{\mathrm{d}x} \quad \therefore \quad \mathrm{d}\theta = -\frac{q}{\lambda}\mathrm{d}x$$

であり，この式を積分すると，

$$\theta = -\frac{q}{\lambda}x + C$$

となる．ただし，積分定数 C は境界条件で決める．

$x = 0$ において $\theta = \theta_1$ より， $C = \theta_1$

$x = L$ において $\theta = \theta_2$ より， $\theta_2 = -\dfrac{q}{\lambda}L + \theta_1$

よって，

$$q = \frac{\lambda}{L}(\theta_1 - \theta_2) = \frac{\lambda}{L}\Delta\theta \ [\mathrm{W/m^2}] \tag{4.1}$$

となる．

式 (4.1) は，毎秒 $1\,\mathrm{m^2}$ の板を通って流れる熱量が，熱伝導率 λ および両境界面の温度差 $\Delta\theta = \theta_1 - \theta_2$ に比例し，厚さ L に反比例することを示している．

よって，面積 A の平行平面板を通って t 秒間に流れる全熱量 Q は，つぎの式 (4.2) で表される．

$$Q = qAt = \frac{\lambda}{L}(\theta_1 - \theta_2)At \ [\mathrm{J}] \tag{4.2}$$

> 💡 熱伝導率が一定のとき，平行平面板の断面の温度変化は直線的に変化することを確かめよう．

4.2 重ねた平行平面板

異なる n 種類の均質な平行平面板を密着させてできた多層平面板を考える．図 4.2 のように，各層の厚さをそれぞれ $\delta_1, \delta_2, \cdots, \delta_n$ とし，熱伝導率を $\lambda_1, \lambda_2, \cdots, \lambda_n$ とする．各層の隣り合う表面は密着しているから，その表面温度は同一であると考え，**多層平面板**の外側の温度から，順次図のように $\theta_1, \theta_2, \cdots, \theta_{n+1}$ であるとする．

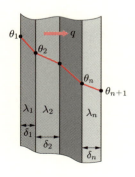

図 4.2 多層平面板

定常状態では，熱流束 q はすべての層について同一であるから，

$$q = \frac{\lambda_1}{\delta_1}(\theta_1 - \theta_2) \qquad \therefore \quad \theta_1 - \theta_2 = \frac{\delta_1}{\lambda_1}q$$

$$q = \frac{\lambda_2}{\delta_2}(\theta_2 - \theta_3) \qquad \therefore \quad \theta_2 - \theta_3 = \frac{\delta_2}{\lambda_2}q$$

$$\vdots \qquad\qquad\qquad\qquad \vdots$$

$$q = \frac{\lambda_n}{\delta_n}(\theta_n - \theta_{n+1}) \qquad \therefore \quad \theta_n - \theta_{n+1} = \frac{\delta_n}{\lambda_n}q$$

となる．各層の温度差を合計したものが全体の温度差となるから，各式を辺々加えると，

$$\theta_1 - \theta_{n+1} = q\left(\frac{\delta_1}{\lambda_1} + \frac{\delta_2}{\lambda_2} + \cdots + \frac{\delta_n}{\lambda_n}\right) = q\sum_{i=1}^{n}\frac{\delta_i}{\lambda_i}$$

$$\therefore \quad q = \frac{\theta_1 - \theta_{n+1}}{\displaystyle\sum_{i=1}^{n}\frac{\delta_i}{\lambda_i}} \; [\mathrm{W/m^2}] \tag{4.3}$$

となる．

　式 (4.3) により，密着して隣り合う各層の表面の温度はわからなくても，多層平面板の両端の温度差と各層の λ_i および δ_i がわかっていれば，熱流束 q は計算で求められる．

演習問題

4.1　ある加圧炉の鉄製容器の壁内外面に $35\,^\circ\mathrm{C}$ の温度差があった．その肉厚は $75\,\mathrm{mm}$，全面積は $60\,\mathrm{m^2}$ である．壁を通過する熱流束 q および全体の毎秒放熱量 Q を求めよ．ただし，この鉄の λ は $46.5\,\mathrm{W/(m{\cdot}K)}$ とする．

4.2　炉の壁面からの熱損失を測定するために，壁面に真直な小孔をつくり，表面から測って深さ $x_1\,[\mathrm{m}]$ と $x_2\,[\mathrm{m}]$ の箇所で温度を測定して，それぞれ $\theta_1\,[^\circ\mathrm{C}]$，$\theta_2\,[^\circ\mathrm{C}]$ であったとする．この値が時間に対して一定であるとき，炉壁面からの熱損失が計算できる公式を導け．ただし，炉壁の熱伝導率を $\lambda\,[\mathrm{W/(m{\cdot}K)}]$，表面積を $A\,[\mathrm{m^2}]$ とする．

4.3　Calculate the heat loss of a furnace wall when the wall is piled up of 20 cm of firebrick ($\lambda = 0.64\,\mathrm{W/(m{\cdot}K)}$), 10 cm of insulating material ($\lambda = 0.15\,\mathrm{W/(m{\cdot}K)}$), and 5 cm of concrete ($\lambda = 0.99\,\mathrm{W/(m{\cdot}K)}$) and the inside and outside surface temperatures are, respectively, 950°C and 60°C.

4.4　図 4.3 のような断面をもつ，材質の均等な金属棒からなる物体がある．各棒片の端の温度が図のような値に保たれているとすれば，交点 A および B における温度はそれぞれいくらか．ただし，熱は棒を通ってのみ流れ，側面の熱の出入りはないものとする．

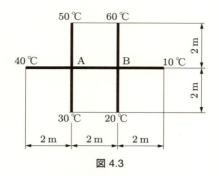

図 4.3

4.5 厚さ 18 cm の赤れんが（$\lambda = 0.64\,\mathrm{W/(m\cdot K)}$）と厚さ 10 cm のケイ酸カルシウム板（$\lambda = 0.15\,\mathrm{W/(m\cdot K)}$）の重ね壁がある．重ね壁の前後の温度を測定して，れんが側 850 °C，ケイ酸カルシウム板側 80 °C を得た．保安上，ケイ酸カルシウム板の温度を 30 °C 以下にするために，れんがとケイ酸カルシウム板の間に別の断熱材を入れたい．このとき，熱損失には変化がないものとして，以下の問いに答えよ．
(a) 使用する断熱材を適当に選定し，どの程度の厚さのものを使用すればよいかを算出せよ．
(b) 断熱材をどのくらいの温度にまで高められるか検討せよ．

4.6 図 4.4 のような 3 層からなる炉壁があり，第 1 層は耐火れんが（$\lambda = 1.74\,\mathrm{W/(m\cdot K)}$，最高使用温度 1450 °C），第 2 層は断熱れんが（$\lambda = 0.35\,\mathrm{W/(m\cdot K)}$，最高使用温度 1000 °C），第 3 層は補強用の鉄板（厚さ 5 mm，$\lambda = 40.7\,\mathrm{W/(m\cdot K)}$）よりなる．いま，この炉壁の内壁温度を 1400 °C，外壁温度（鉄板表面）を 250 °C に保持し，かつ，定常状態で，炉壁を通過する熱流束が 4.65 kW/m² であるようにしたい．この場合，使用温度範囲内で炉壁全体の厚さが最小になるような各れんが壁の厚さを求めよ．ただし，鉄板の厚さは変わらないとする．

図 4.4

4.7 一様な厚さ b，幅 L，長さ l，熱伝導率 λ をもつ板に電流を通すとき，板の内部が $q'''\,[\mathrm{W/m^2}]$ の割合のジュール発熱により一様に加熱されるときは，内部の温度分布が中央が高い放物線分布となることを示し，両端が θ_0 のとき中央の温度 θ_m を与える式を導け．

5 温度変化が直線的ではない場合の熱伝導

5.1 円管の熱伝導

長さ l，内半径 r_1，外半径 r_2 の中空円筒を考える．内面，外面はそれぞれ一定温度 θ_1, θ_2 に保たれ，$\theta_1 > \theta_2$ とする．このとき，熱は円筒の内側から外側に流れる．また，材料の熱伝導率 λ は一定とする．温度は半径方向（x 軸方向にとる）にだけ変化するとして，図 5.1 のように，管壁の内部に半径 r，厚さ dr の薄肉の中空円筒を考える．

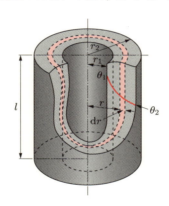

図 5.1 円管壁の熱伝導

フーリエの法則により，この層を通って毎秒流れる熱量 Q は

$$Q = -\lambda A \frac{d\theta}{dr} = -\lambda(2\pi r l)\frac{d\theta}{dr} \quad \therefore \quad d\theta = -\frac{Q}{2\pi \lambda l}\frac{dr}{r}$$

となり，これを積分すると，C を積分定数として

$$\theta = -\frac{Q}{2\pi \lambda l}\ln r + C$$

となる．ここで，境界条件を用いて

$$r = r_1 \text{ のとき } \theta = \theta_1 \quad \therefore \quad \theta_1 = -\frac{Q}{2\pi \lambda l}\ln r_1 + C$$

$$r = r_2 \text{ のとき } \theta = \theta_2 \quad \therefore \quad \theta_2 = -\frac{Q}{2\pi \lambda l}\ln r_2 + C$$

$$\therefore \quad \theta_1 - \theta_2 = -\frac{Q}{2\pi\lambda l}(\ln r_1 - \ln r_2)$$

$$Q = \frac{2\pi\lambda l}{\ln(r_2/r_1)}(\theta_1 - \theta_2) = \frac{2\pi\lambda l}{\ln(d_2/d_1)}(\theta_1 - \theta_2) \; [\mathrm{W}] \tag{5.1}$$

となる．式 (5.1) は**円管の熱伝導**の計算式である．

この式により，管壁を通って毎秒流れる熱量は，熱伝導率 λ，円管の軸方向長さ l および温度差 $\theta_1 - \theta_2$ に比例し，管の外径 d_2 と内径 d_1 との比（半径の比に置き換えてもよい）の自然対数に反比例することがわかる．

円筒壁面の任意の位置における温度分布を表す式を求めてみよう．半径 r_x の位置における温度を θ_x とすると，

$$\theta_x = \theta_1 - \frac{\theta_1 - \theta_2}{\ln(r_2/r_1)}\ln(r_x/r_1) \tag{5.2}$$

と表される．したがって，温度分布は対数曲線で表されることを確かめよう．

図 5.2 のように，n 層からできた長さ l の合成円筒壁の Q は式 (5.3) で表されることを導こう．

$$Q = \frac{2\pi l(\theta_1 - \theta_{n+1})}{\displaystyle\sum_{i=1}^{n}\frac{1}{\lambda_i}\ln\frac{r_{i+1}}{r_i}} \; [\mathrm{W}] \tag{5.3}$$

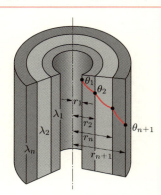

図 5.2 多層円管壁の熱伝導

r_2 と r_1 との比が 1 にきわめて近い単層の薄肉円管では

$$\ln\frac{r_2}{r_1} = \ln\left(1 + \frac{r_2 - r_1}{r_1}\right) \fallingdotseq \frac{r_2 - r_1}{r_1}$$

であるので，

$$Q = \frac{2\pi\lambda l r_1(\theta_1 - \theta_2)}{r_2 - r_1} = \lambda A\frac{\theta_1 - \theta_2}{r_2 - r_1}$$

となり，厚さ $r_2 - r_1$ の平面壁に $\theta_1 - \theta_2$ の温度差が生じたときの熱伝導とよく近似できることを確かめよう．

5.2　球状壁の熱伝導

図 5.3 において，内半径 r_1，外半径 r_2 の中空の球状壁を考える．球壁の材質は均質で一定の熱伝導率 λ をもち，中心から半径 r_1 の距離にある内壁の温度は θ_1，中心から半径 r_2 の距離にある外壁の温度は θ_2 に保たれているものとする．$\theta_1 > \theta_2$ であるときは，熱流が球壁の内側から外側に向かって半径方向にだけ流れる．したがって，温度は半径方向だけで変化する．

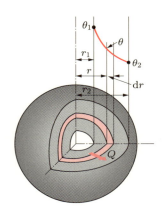

図 5.3　球状壁の熱伝導

いま，半径 r，$r + \mathrm{d}r$ の等温球面で囲まれた厚さ $\mathrm{d}r$ の球壁を毎秒通って流れる熱量 Q は

$$Q = -\lambda A \frac{\mathrm{d}\theta}{\mathrm{d}r} = -\lambda (4\pi r^2) \frac{\mathrm{d}\theta}{\mathrm{d}r}$$

$$\therefore \quad \mathrm{d}\theta = -\frac{Q}{4\pi\lambda} \frac{\mathrm{d}r}{r^2}$$

となり，これを積分すると，積分定数を C として

$$\theta = \frac{Q}{4\pi\lambda} \frac{1}{r} + C$$

となる．境界条件を考えると

$r = r_1$ のとき $\theta = \theta_1$ 　　　$\therefore \quad \theta_1 = \dfrac{Q}{4\pi\lambda} \dfrac{1}{r_1} + C$

$r = r_2$ のとき $\theta = \theta_2$ 　　　$\therefore \quad \theta_2 = \dfrac{Q}{4\pi\lambda} \dfrac{1}{r_2} + C$

$$\therefore \quad \theta_1 - \theta_2 = \frac{Q}{4\pi\lambda}\left(\frac{1}{r_1} - \frac{1}{r_2}\right)$$

$$Q = \frac{4\pi\lambda(\theta_1 - \theta_2)}{(1/r_1) - (1/r_2)} = \frac{2\pi\lambda\Delta\theta}{(1/d_1) - (1/d_2)} = \pi\lambda\Delta\theta\frac{d_1 d_2}{\delta} \quad [\text{W}] \quad (5.4)$$

となる.ただし,$\Delta\theta = \theta_1 - \theta_2$ は温度差であり,$\delta = r_2 - r_1 = (d_2 - d_1)/2$ は壁の厚さである.式 (5.4) は毎秒当たり,球状壁を通過する熱量 Q の計算式である.

単一材料の球状壁では,直径が d_x の位置における温度は式 (5.5) で表されることを導こう.これより,**球状壁の温度分布**は双曲線で表されることを確かめよう.

$$\theta_x = \theta_1 - \frac{\theta_1 - \theta_2}{\dfrac{1}{d_1} - \dfrac{1}{d_2}}\left(\frac{1}{d_1} - \frac{1}{d_x}\right) \tag{5.5}$$

上記の球状壁において,$r_2 - r_1 = \delta$ が r_1 に比べてきわめて小さいとき(薄肉球壁)には,熱流は球状壁を平面壁とみなして近似できることを確かめよう.

演習問題

5.1 外径 110 mm,内径 100 mm,長さ 100 m の鉄管($\lambda = 40.7\,\text{W}/(\text{m}\cdot\text{K})$)に 200 °C の飽和蒸気を通す.そのため,鉄管の外部を厚さ 50 mm の保温材($\lambda = 0.116\,\text{W}/(\text{m}\cdot\text{K})$)で保温する.このとき,大気の温度は 15 °C とする.常に蒸気に接する部分は 200 °C であり,また,大気に接する部分は 20 °C であると仮定して,以下の問いに答えよ.
 (a) 鉄管全体からの熱損失はいくらか.
 (b) 鉄管の内面に 3 mm の水垢 (deposit) ($\lambda = 0.116\,\text{W}/(\text{m}\cdot\text{K})$) が付着すると,熱損失はどのように変わるか.

5.2 熱伝導率が λ_1 と λ_2 の 2 種類の保温材がそれぞれ一定量ずつあり,これを管に保温施工する場合,図 5.4(a) のように λ_1 の保温材を内層に,λ_2 の保温材を外層に施工した場合と,同一管に対してこれと逆に,図 (b) のように λ_2 の保温材を内層に,λ_1 の保温材を外層に施工した場合では,いずれが保温効果がよいか.数式を用いて証明せよ.ただし $\lambda_1 < \lambda_2$ とし,両保温材はいずれも管の表面温度に十分耐えるものとする.

5.3 A_1 と A_2 とはそれぞれ円筒の内側および外側の面積である.ここで

$$A_m = \frac{A_2 - A_1}{\ln(A_2/A_1)}$$

とおき,A_m を**対数平均面積** (logarithmic mean area) とよぶ.このとき,円筒壁を通る熱量を A_m を用いて表せ.

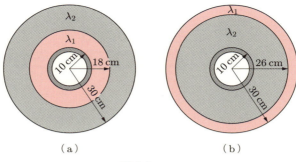

図 5.4

5.4 The working chamber of an electrically heated laboratory furnace of the shape of a hollow sphere (50 mm ID, 100 mm OD) is made of a refractory brick ($\lambda = 0.640\,\text{W/(m·K)}$). If the temperature at the interior surface is to be maintained at 1500 °C while the outside surface is 400 °C, estimate the power consumption.

5.5 The thermal conductivity of a material is to be determined by fabricating the material into the shape of a hollow sphere, placing an electric heater at the center, and measuring the surface temperatures with thermocouples when steady state has been reached.

Experimental data: for an electrical energy input at the rate of 12 watts to the heater, $\theta_1 = 300\,°\text{C}$ and $\theta_2 = 30\,°\text{C}$ at $r_1 = 50\,\text{mm}$, $r_2 = 150\,\text{mm}$.

Determine
(a) the experimental value of thermal conductivity λ (The value of λ is assumed to be constant in the used temperature range).
(b) the temperature at a point halfway in the sphere wall.

5.6 図 5.5 のように蒸気管に保温施工したとき，その保温材の熱伝導率を求めたい．保温層の外側に厚さ 3 mm のゴム板を巻きつけたところ，ゴム板の平衡温度 θ は，その両面でそれぞれ $\theta_1 = 50\,°\text{C}$，$\theta_2 = 48\,°\text{C}$ であった．このとき，ゴム板の熱伝導率 λ が

$$\lambda = 0.215 + 0.000314\overline{\theta}\ [\text{W/(m·K)}]$$

で示されるとすれば，保温材の熱伝導率はいくらか．ただし，管の表面温度は $\theta_0 = 145\,°\text{C}$ とする．また，$\overline{\theta} = (\theta_1 + \theta_2)/2$ とする．

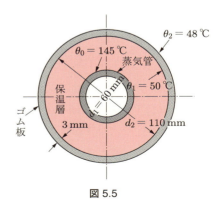

図 5.5

6 非定常熱伝導はどのように取り扱うか

6.1 非定常熱伝導の基本式

　熱伝導が定常の状態では，物体内の各位置における温度分布は，時間 t とともに変化せずに一定になっている．ところが，高温に加熱した工作物を水や油に浸けて急激に冷却して焼入れ（hardening）を行う場合，あるいは大型内燃機関やタービンのスタート時において気筒内が燃焼ガスや蒸気などにより急激に加熱される場合などのように，物体の表面に急激な加熱や冷却が行われると，それに応じて物体内部の温度分布や熱流にも急激な時間的変化が起こる．

　例として，図 6.1 に鋼塊の焼入れ時の温度分布の変化状況の概念図を示す．

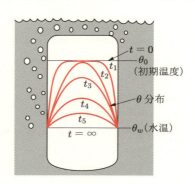

図 6.1　鋼塊を水中焼入れしたときの温度分布の時間変化

　このように，時間とともに温度分布や勾配が変化するときの熱伝導を非定常熱伝導（unsteady heat conduction）という．非定常熱伝導は定常温度分布が形成されるまで常に現れるから，定常問題とともに重要な熱移動の問題である．とくに，非定常熱伝導は熱機器のスタート，ストップ時の立ち上がり性能（時定数）を決めるのに重要であるばかりでなく，機器の内部に非定常熱応力〔激しい場合をサーマルショック（熱衝撃）という〕を生じるので，機器の安全性からも重要なことが多い．

　このような非定常熱伝導の場合，物体内部の各点の温度は時間によってどのように変化していくのか検討してみよう．

いま，物体内には熱放射や発熱，吸熱が存在しないものとし，圧力も一定で，またその物体の物理的性質 λ, c_p, ρ は全領域にわたって一定であるとする．

物体内を3次元の温度場であるとし，図 6.2 のように，それぞれ一辺の長さが dx, dy, dz である直方体 ABCD-EFGH をつくる．

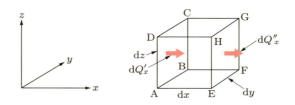

図 6.2 3 次元の熱伝導

伝導によって時間 dt の間に，面 ABCD から x 軸方向に流れる熱量 dQ'_x は

$$dQ'_x = -\lambda \frac{\partial \theta}{\partial x} dy\, dz\, dt \tag{6.1}$$

である．

また，時間 dt の間に面 EFGH を通る熱量 dQ''_x は，この面では温度が $\theta + (\partial \theta / \partial x) dx$ になるから

$$dQ''_x = -\lambda \frac{\partial}{\partial x}\left(\theta + \frac{\partial \theta}{\partial x} dx\right) dy\, dz\, dt \tag{6.2}$$

と表される．

式 (6.1) と式 (6.2) の差より，x 軸方向について，時間 dt の間に直方体の内部に蓄えられた熱量 dQ_x が計算できる．

$$\begin{aligned} dQ_x &= dQ'_x - dQ''_x \\ &= \lambda \frac{\partial^2 \theta}{\partial x^2} dx\, dy\, dz\, dt \end{aligned}$$

y, z 軸方向の熱量 dQ_y, dQ_z についても同様であるので，時間 dt の間に体積要素 $dx\, dy\, dz$ の内部に蓄えられた熱量 dQ は

$$\begin{aligned} dQ &= dQ_x + dQ_y + dQ_z \\ &= \lambda \left(\frac{\partial^2 \theta}{\partial x^2} + \frac{\partial^2 \theta}{\partial y^2} + \frac{\partial^2 \theta}{\partial z^2}\right) dx\, dy\, dz\, dt \end{aligned}$$

となる．

この熱量 dQ によって直方体の温度は $(\partial \theta / \partial t) dt$，すなわち $d\theta$ だけ上昇したはずで

24 6章 非定常熱伝導はどのように取り扱うか

ある.

ところが，物体の密度を $\rho\,[\mathrm{kg/m^3}]$，定圧比熱を $c_p\,[\mathrm{J/(kg \cdot K)}]$ とすると，温度を $\mathrm{d}\theta$ だけ上昇させるのに必要な熱量は

$$\mathrm{d}Q = \left(\frac{\partial \theta}{\partial t} \mathrm{d}t \right) c_p \mathrm{d}x\,\mathrm{d}y\,\mathrm{d}z\,\rho$$

と表されるので，つぎの等式を得る.

$$\lambda \left(\frac{\partial^2 \theta}{\partial x^2} + \frac{\partial^2 \theta}{\partial y^2} + \frac{\partial^2 \theta}{\partial z^2} \right) \mathrm{d}x\,\mathrm{d}y\,\mathrm{d}z\,\mathrm{d}t = \frac{\partial \theta}{\partial t} \mathrm{d}t\, c_p\,\mathrm{d}x\,\mathrm{d}y\,\mathrm{d}z\,\rho$$

$$\therefore \quad \frac{\lambda}{c_p \rho} \left(\frac{\partial^2 \theta}{\partial x^2} + \frac{\partial^2 \theta}{\partial y^2} + \frac{\partial^2 \theta}{\partial z^2} \right) = \frac{\partial \theta}{\partial t} \tag{6.3}$$

ここで，

$$a = \frac{\lambda}{c_p \rho}\ [\mathrm{m^2/s}] \tag{6.4}$$

とおくと，式 (6.3) はつぎのように表される.

$$\frac{\partial \theta}{\partial t} = a \left(\frac{\partial^2 \theta}{\partial x^2} + \frac{\partial^2 \theta}{\partial y^2} + \frac{\partial^2 \theta}{\partial z^2} \right) \tag{6.5}$$

式 (6.5) をフーリエの微分方程式という.

とくに，定常の際は $\partial \theta / \partial t = 0$ であるので，式 (6.6) のようになる.

$$\frac{\partial^2 \theta}{\partial x^2} + \frac{\partial^2 \theta}{\partial y^2} + \frac{\partial^2 \theta}{\partial z^2} = 0 \tag{6.6}$$

式 (6.5) は定常，非定常の状態における熱移動のどちらにも成り立つが，とくに非定常の熱伝導では，温度分布の変化速度 $\partial \theta / \partial t$ が与えられることとなる.

ここで，a の値は物体の非定常熱伝導における温度分布の時間変化速度の大小を示す物性値であり，熱拡散率（thermal diffusivity）とよばれる．その単位は $\mathrm{m^2/s}$ である.

式 (6.4) によって熱拡散率は定義されるが，式からわかるように，熱拡散率は物体の伝熱能力，すなわち熱伝導率 λ に比例し，その物体の蓄熱能力，すなわち体積熱容量 $c_p \rho$ に反比例する．したがって，熱拡散率の値が大きいほど温度変化が速く行われることになる.

熱拡散率は熱伝導率と同様に物質によって決まった値をもっており，**表 6.1** のように，該当する温度に対応する値が示されている.

表 6.1 常温付近における各種物質の熱拡散率 $a\,[\mathrm{m^2/s}]$

物質名		$a \times 10^{-6}$	物質名		$a \times 10^{-6}$
気体	空気	21.9	金属	黄銅	27.8
	蒸気	22.8		アルミニウム	83.6
	CO_2	10.8		銅	100
液体	水	0.147		金	118
	アルコール	0.094		銀	170
	水銀	3.33	固体	ガラス	$0.306 \sim 0.389$
金属	鉄	$10 \sim 17.5$		コンクリート	0.444
	ニッケル	$15 \sim 22.8$		氷	1.17

図 3.2 を参考にして，つぎのことがらを確かめよう．

熱拡散率 a は，熱伝導率 λ の高い金属において最大となるが，$c_p\rho$ の小さい気体の a がそれに続き，液体や断熱材の a がもっとも小さくなる．

6.2 非定常熱伝導の数値解法

フーリエの微分方程式

$$\frac{\partial \theta}{\partial t} = a \left(\frac{\partial^2 \theta}{\partial x^2} + \frac{\partial^2 \theta}{\partial y^2} + \frac{\partial^2 \theta}{\partial z^2} \right) \tag{6.7}$$

を境界条件および初期条件を用いて解析的に解くと，一般にはきわめて複雑な解となる．したがって，非定常熱伝導を取り扱う実際の工学上の問題においては，コンピュータを用いた数値解析が主流となる．ここでは，とくに 1 次元の非定常温度場に対する，表計算ソフトを用いた数値解析法について述べる．

1 次元の温度場においては，方程式 (6.7) は式 (6.8) のようになる．

$$\frac{\partial \theta}{\partial t} = a \frac{\partial^2 \theta}{\partial x^2} \tag{6.8}$$

この式を離散化すると，

$$\frac{\theta_{i,j+1} - \theta_{i,j}}{\Delta t} = a \frac{\theta_{i+1,j} - 2\theta_{i,j} + \theta_{i-1,j}}{\Delta x^2} \tag{6.9}$$

となる．ここで，

$$x = i\Delta x \quad (i = 0,\ 1,\ 2,\ \cdots)$$

$$t = j\Delta t \quad (j = 0,\ 1,\ 2,\ \cdots)$$

である．また，式 (6.9) は

$$\theta_{i,j+1} = \theta_{i,j} + \frac{a\Delta t}{\Delta x^2}(\theta_{i-1,j} - 2\theta_{i,j} + \theta_{i+1,j}) \tag{6.10}$$

となり，時刻 j までの温度が計算されていれば，時刻 $j+1$ の温度を図 6.3 のように求めることができる．なお，Δt の値は

$$\Delta t \leqq \frac{\Delta x^2}{2a} \tag{6.11}$$

を満足するように定めないと発散することが知られている．

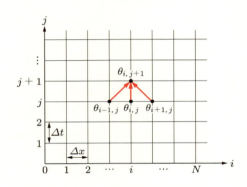

図 6.3 時刻 $j+1$ での温度の求め方

例題

直径 10 mm，長さ 300 mm の金属の丸棒が，100 °C で均一な温度に断熱保持されているものとする．この丸棒の片端を急に 20 °C に冷却し続ける場合の温度分布の時間変化を求めてみよう．ただし，$a = 30 \times 10^{-6} \, \text{m}^2/\text{s}$ とする．

解法

まず，長さ 300 mm の金属の丸棒を 10 等分すると，$\Delta x = 30 \times 10^{-3}$ m となる．式 (6.11) より

$$\Delta t \leqq \frac{(30 \times 10^{-3})^2}{2 \times (30 \times 10^{-6})} = 15 \, \text{s}$$

となるので，ここでは $\Delta t = 10$ s のように選ぶ．これより，式 (6.10) は次式のようになる．

$$\theta_{i,j+1} = \theta_{i,j} + 0.333(\theta_{i-1,j} - 2\theta_{i,j} + \theta_{i+1,j}) \tag{6.12}$$

図 6.4 節点

初めに,境界条件として $\theta_{0,j} = 20\,°\mathrm{C}$ を与える.$i = 10$ の地点は丸棒の反対側の端であり,断熱されているので,ミラー条件より仮想の節点 $i = 11$ を考えて,$\theta_{11,j} = \theta_{9,j}\,[°\mathrm{C}]$ とおく(図 6.4 参照).つぎに,初期条件 $\theta_{i,0} = 100\,°\mathrm{C}$ を与える.

図 6.5 に,表計算ソフトによる計算イメージ図を示す.ここで,6 行目の数字 1〜10 は棒の節点番号を示す.「壁」と「断熱」と書かれた部分は,それぞれ $i = 0$ と $i = 11$ に対応する.7 行目には初期条件を与えている.8 行目の D8〜M8 セルまでには式 (6.12) を当てはめ,C8 セルには 20 を,N8 セルには "$= \mathrm{L8}$" の数式を入力する.C8〜N8 セルまでを選択して 20 行目までのオートフィルを行うと,130 秒後までの 10 秒ごとの温度分布が計算できる.

	A	B	C	D	E	F	G	H	I	J	K	L	M	N	O
5															
6		時刻	壁	1	2	3	4	5	6	7	8	9	10	断熱	
7		0	20	100	100	100	100	100	100	100	100	100	100	100	
8		10	20	73	100	100	100	100	100	100	100	100	100	100	
9		20	20	64	91	100	100	100	100	100	100	100	100	100	
10		30	20	59	85	97	100	100	100	100	100	100	100	100	
11		40	20	55	80	94	99	100	100	100	100	100	100	100	
12		50	20	52	76	91	98	100	100	100	100	100	100	100	
13		60	20	49	73	88	96	99	100	100	100	100	100	100	
14		70	20	47	70	86	95	98	100	100	100	100	100	100	
15		80	20	46	68	84	93	98	99	100	100	100	100	100	
16		90	20	45	66	81	91	97	99	100	100	100	100	100	
17		100	20	43	64	80	90	96	98	100	100	100	100	100	
18		110	20	42	62	78	88	95	98	99	100	100	100	100	
19		120	20	42	61	76	87	94	97	99	100	100	100	100	
20		130	20	41	60	75	86	93	97	99	100	100	100	100	
21															

図 6.5 表計算ソフトによる計算イメージ図

 壁が断熱のときは,温度分布はいつも壁に垂直であることを確かめよう.

初めは一様温度 Θ_0 であった半無限物体の壁（$x=0$）が急激に $\Theta=0$ に下げられて，その温度に保たれるものとする．このとき，温度分布が図6.6のような放物線の形で内部へ進むものと仮定すると，その前面の深さ δ は

$$\delta = 2\sqrt{3}\sqrt{at}$$

また，$x=0$ における熱流束 q は

$$q = \frac{\lambda \Theta_0}{\sqrt{3at}}$$

で示されることを確かめよう．

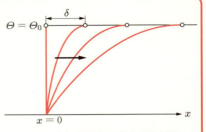

図6.6 半無限壁内の非定常熱伝導

演習問題

6.1 つぎの文章は熱拡散率について述べたものである．以下の問いに答えよ．

　熱拡散率は，定常熱伝導では <u>考慮する必要はない</u>．しかし，非定常熱伝導では重要な <u>物性値である</u>．
①　　　　　　　　　　　　　　　　　　　　　　　　　　　　　　　　　　　　　
②

　たとえば，一様な温度にある物体の表面を急に加熱すると，加熱面から侵入した熱は表面近くに蓄えられて，そこの温度を高める．したがって，もっと内部との間に温度差を生じる．その結果，熱は <u>さらに内部に流入し</u>，そこの温度を高める．以下，このようにして内部へと伝播していく．したがって，温度の移動速度に関係した量として，つぎのことが考えられる．
③

　第一に，温度の移動速度を速くするには，同じ温度勾配でも多量の熱が流れ込んで，そこの部分の温度を速く高めることが必要である．これは物体の ④ に比例するはずである．第二に，同じ熱量が流れ込んでも，その温度上昇は物体の ⑤ に反比例するはずである．

　したがって，④と⑤から定義した熱拡散率は温度の移動速度に関係した量と考えられ，<u>温度の伝導（温度変化）の良否を与える物性値</u>であり，温度伝導率ともよばれる．
⑥

(a) フーリエの微分方程式を用いて①を説明せよ．
(b) ②の物性値の単位を記せ．
(c) ③の現象を説明する法則は何か．
(d) ④ を埋めよ．
(e) ⑤ を埋めよ．
(f) ⑥に対して，熱量の移動の良否を与える物性値は何か．

6.2 厚さ 0.6 m, 温度 20 °C のコンクリート壁がある. 一方の面は完全に保温されている
ものとする. 他方の面が突然 500 °C の燃焼ガスにさらされた場合, この壁の温度経
過を 5 時間後まで求めよ. ただし, 壁の熱伝導率は 1.16 W/(m·K), 壁の熱拡散率は
$0.556 \times 10^{-6} \, \mathrm{m^2/s}$, 大気と壁との間の熱伝達率は 5.82 W/(m²·K) である.

6.3 A brick wall ($a = 0.417 \times 10^{-6} \mathrm{m^2/s}$) with a thickness of 0.45 m is initially at a
uniform temperature of 30 °C. How long after the both side wall surfaces are raised
to 210 °C will it take for the temperature at the center of the wall to reach 100 °C?

7 熱通過の計算はどのように取り扱うか

7.1 熱伝達率

2.2 節で述べたように，燃焼ガスと水管外壁の間や，水と内壁の間の伝熱のように，一般に液体またはガスなどの流体からこれに接触している固体壁に熱が伝わる場合と，逆に固体壁から流体に熱が伝わる場合を**熱伝達**という．熱伝達は流体が介在するすべての伝熱を包含するものである．

固体壁面における流体への熱伝達は，相変化のある場合などを除き，一般には**ニュートン（Newton）の冷却の法則**を基準として，単位時間に移動する熱量 Q は，表面積 A および壁の温度 θ_w と流体の温度 θ_f との温度差に比例すると考える．すなわち，式 (7.1) のように書ける（ただし，$\theta_f > \theta_w$ の場合）．

$$Q = hA(\theta_f - \theta_w) \text{ [W]} \tag{7.1}$$

このように Q を表示したときの比例定数 h を**熱伝達率**（heat transfer coefficient）といい，その単位は $\text{W/(m}^2\cdot\text{K)}$ である．単位面積当たりの熱流束 q は，式 (7.2) で表される．

$$q = h(\theta_f - \theta_w) \tag{7.2}$$

2 章で述べたように，熱伝達は流体内に生じる境界層を通しての熱移動であって，物体の形状や流体の速度，密度などの諸状態および熱流束の大小によって大なり小なり変化するものである．

しかし，単相一様流体の熱伝達においては，少なくとも熱流束の大小にかかわらず h が一定であると考えてよい．

7.2 平板壁の熱通過

図 7.1 のように，温度 θ_{f1} の高温流体 f_1 と温度 θ_{f2} の低温流体 f_2 との間に，厚さ δ の平行平面板がある．

板の熱伝導率を λ とし，両側の温度を θ_{w1} と θ_{w2} とする．このとき，伝熱量 Q は

7.2 平板壁の熱通過

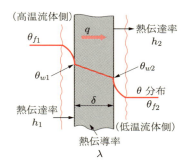

図 7.1 平面壁の熱通過

高温流体から平板壁を通って低温流体のほうへ流れ，流体と板の温度は図の x 軸方向にだけ変化するものとする（図 2.2 において熱放射がなく，かつ平面壁のときに相当する）．

このとき通過する熱量は，高温流体から平板壁へは熱伝達で伝わり，平板壁内は熱伝導で伝わり，平板壁から低温流体へは熱伝達で移動する．このような熱移動を総括して **熱通過** とよぶ．

熱伝達率は，一般には流体の状態，壁の形状，流体と壁との温度差などの影響を受ける値であるが，通常は単相流に対してはある範囲で定数と考えてよいので，ここでも温度にかかわらず一定と考える．

高温側の熱伝達率を h_1，低温側の熱伝達率を h_2 とする．定常状態になると，高温流体から平板に伝わる熱流束 q_1 は平板内部を伝導で伝わる熱流束 q_2 に等しく，これはまた，平板壁から低温流体に伝達で伝わる熱流束 q_3 に等しくなる．すなわち，

$$q_1 = h_1(\theta_{f1} - \theta_{w1})$$

$$q_2 = \frac{\lambda}{\delta}(\theta_{w1} - \theta_{w2})$$

$$q_3 = h_2(\theta_{w2} - \theta_{f2})$$

となる．これより，

$$\theta_{f1} - \theta_{w1} = \frac{q_1}{h_1}$$

$$\theta_{w1} - \theta_{w2} = \frac{\delta}{\lambda}q_2$$

$$\theta_{w2} - \theta_{f2} = \frac{q_3}{h_2}$$

となる．

ここで，定常状態では $q_1 = q_2 = q_3 = q$ とおけるから，上の3式を加えると

$$\theta_{f1} - \theta_{f2} = q\left(\frac{1}{h_1} + \frac{\delta}{\lambda} + \frac{1}{h_2}\right)$$

となり，熱流束 q は式 (7.3) で表される．

$$q = \frac{1}{\frac{1}{h_1} + \frac{\delta}{\lambda} + \frac{1}{h_2}}(\theta_{f1} - \theta_{f2}) \tag{7.3}$$

ここで，

$$k = \frac{1}{\frac{1}{h_1} + \frac{\delta}{\lambda} + \frac{1}{h_2}} \; [\mathrm{W/(m^2 \cdot K)}] \tag{7.4}$$

とおくと，q は

$$q = k(\theta_{f1} - \theta_{f2}) \; [\mathrm{W/m^2}] \tag{7.5}$$

の形に書ける．この k を**熱通過率**または**熱貫流率**（coefficient of overall heat transmission）といい，その逆数 $1/k$ を**全熱抵抗**（total thermal resistance）という．したがって，全熱抵抗は式 (7.6) の値に等しい．

$$\frac{1}{k} = \frac{1}{h_1} + \frac{\delta}{\lambda} + \frac{1}{h_2} \tag{7.6}$$

これより，平板壁の熱通過を考えるとき，通過する熱流束は平板壁の両側にある高温および低温流体の温度差に比例し，平板壁の両側面の温度には関係しないことがわかる．また，全熱抵抗は局所熱抵抗の和に等しいことがわかる．

すなわち，一般に電流 i が図 7.2 のように流れるとき，途中に抵抗 R_1，R_2，R_3 があり，その間の電位差を ΔE とすると，電流 i は次式で表される．

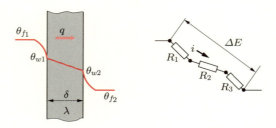

図 7.2　平面板の熱通過における温度分布と，電気抵抗に相似させた熱抵抗の考え方

$$i = \frac{\Delta E}{R_1 + R_2 + R_3} = \frac{\Delta E}{R}$$

つまり，全抵抗 R は局所抵抗 R_1, R_2, R_3 の和となる．これと同様に考えると，図 7.2 において R_1, R_2, R_3 を

$$\frac{1}{h_1} = R_1, \qquad \frac{\delta}{\lambda} = R_2, \qquad \frac{1}{h_2} = R_3$$

に相当する抵抗と考えると，全熱抵抗はつぎのように表される．

$$R = R_1 + R_2 + R_3 = \frac{1}{h_1} + \frac{\delta}{\lambda} + \frac{1}{h_2} = \frac{1}{k}$$

平行平面板を n 枚重ねた合成平面板において，各層の厚さが δ_1, δ_2, δ_3, …, δ_n，熱伝導率が λ_1, λ_2, λ_3, …, λ_n であるとき，この合成平板を通る熱流束 q，熱通過率 k および全熱抵抗 $1/k$ は次式で表されることを導こう．

$$q = k(\theta_{f1} - \theta_{f2})$$

$$k = \frac{1}{\dfrac{1}{h_1} + \sum_{i=1}^{n} \dfrac{\delta_i}{\lambda_i} + \dfrac{1}{h_2}}$$

$$\frac{1}{k} = \frac{1}{h_1} + \sum_{i=1}^{n} \frac{\delta_i}{\lambda_i} + \frac{1}{h_2}$$

---

k の値は，与えられた h_1, h_2, λ_i/δ_i の値のうちのもっとも小さいものよりもさらに小さいことを確かめよう．

---

h_1, h_2, λ/δ の値の比が

$$10 : 100 : 1000$$

であるとする．h_1, h_2, λ/δ をそれぞれ別個に 2 倍に改善する場合，k の値の上昇率を計算するとそれぞれ 1.82, 1.05, 1.00 となって，三つのうちでもっとも小さい h_1 を改善するのが，全体の熱通過率の改善にもっとも効果があることを確認しよう．

以上より，熱通過を支配するものは h_1, h_2, λ_i/δ_i のうちもっとも小さい値を示す部分，あるいは逆に，もっとも大きい熱抵抗を示す部分であることがわかる．

7.3 円管の熱通過

図 7.3 のように，熱伝導率 λ の均質な材料でできた長さ l，内径 d_1（半径 r_1），外径 d_2（半径 r_2）の円筒がある．

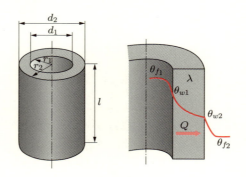

図 7.3 円管の熱通過

温度 θ_{f1} の高温流体が円筒壁の内部を，温度 θ_{f2} の低温流体が円筒壁の管外を流れ，円筒壁の内側面，外側面の温度 θ_{w1} および θ_{w2} は未知とする．高温流体から円管内側面への熱伝達率を h_1，円管外側面から低温流体への熱伝達率を h_2 とし，流体と管の温度はともに管の半径方向だけに変化するものとする．

定常状態になると，高温流体から円管内側面に伝わる全熱量 Q_1 は円筒壁の内部を通過する全熱量 Q_2 に等しく，また，これらは円管の外側面から外部の低温流体に伝わる全熱量 Q_3 に等しい（Q_2 は式 (5.1) で求めよ）．

$$Q_1 = h_1 \pi d_1 (\theta_{f1} - \theta_{w1}) l$$

$$Q_2 = \frac{2\pi \lambda (\theta_{w1} - \theta_{w2})}{\ln(d_2/d_1)} \cdot l$$

$$Q_3 = h_2 \pi d_2 (\theta_{w2} - \theta_{f2}) l$$

定常状態では，$Q_1 = Q_2 = Q_3 = Q$ とおけるから，

$$\theta_{f1} - \theta_{w1} = \frac{Q}{h_1 \pi d_1 l}$$

$$\theta_{w1} - \theta_{w2} = \frac{\ln(d_2/d_1)}{2\pi \lambda l} Q$$

$$\theta_{w2} - \theta_{f2} = \frac{Q}{h_2 \pi d_2 l}$$

となり，この3式を辺々加えると，総合温度差 $(\theta_{f1} - \theta_{f2})$ と Q の関係がわかる．

$$\theta_{f1} - \theta_{f2} = \frac{Q}{\pi} \left(\frac{1}{h_1 d_1} + \frac{1}{2\lambda} \ln \frac{d_2}{d_1} + \frac{1}{h_2 d_2} \right) \frac{1}{l} \tag{7.7}$$

いま，円管において，その単位長さ当たりの熱量 (Q/l) の温度差 $(\theta_{f1} - \theta_{f2})$ の大小に対する比例定数を円管の**全熱通過率** k' とすると，k' の定義より

$$\frac{Q}{l} = k'\pi (\theta_{f1} - \theta_{f2}) \tag{7.8}$$

であるので，式 (7.7)，(7.8) より，k' の値は式 (7.9) となる．

$$k' = \frac{1}{\dfrac{1}{h_1 d_1} + \dfrac{1}{2\lambda} \ln \dfrac{d_2}{d_1} + \dfrac{1}{h_2 d_2}} \tag{7.9}$$

全熱通過率 k' の逆数を**全熱抵抗** R' とすると，

$$R' = \frac{1}{k'} = \frac{1}{h_1 d_1} + \frac{1}{2\lambda} \ln \frac{d_2}{d_1} + \frac{1}{h_2 d_2} \tag{7.10}$$

となり，式 (7.10) は全熱抵抗が局所熱抵抗，すなわち壁の熱抵抗 $(1/2\lambda) \ln(d_2/d_1)$，および流体の熱抵抗 $1/h_1 d_1$，$1/h_2 d_2$ の和であることを示している．

この円管の内外壁面の単位面積当たりの熱流束を q_1，q_2 とし，q_1，q_2 の $(\theta_{f1} - \theta_{f2})$ に対する比例定数を k_1，k_2 とすると，k_1，k_2 は先ほどの平面壁と同様に考えたときの内外壁面基準の熱通過率であって，次式で表される．

$$k_1 = \frac{k'}{d_1} \tag{7.11}$$

$$k_2 = \frac{k'}{d_2} \tag{7.12}$$

💡 n 層からなる合成円筒壁の全熱通過率 k' は次式で示されることを導こう．

$$k' = \frac{1}{\dfrac{1}{h_1 d_1} + \displaystyle\sum_{i=1}^{n} \frac{1}{2\lambda_i} \ln \frac{d_{i+1}}{d_i} + \frac{1}{h_2 d_{n+1}}}$$

💡 単層中空円筒の内と外との壁温 θ_{w1} および θ_{w2} は次式で与えられることを導こう．ただし，$q' = Q/l$ である．

$$\theta_{w1} = \theta_{f1} - \frac{q'}{\pi} \frac{1}{h_1 d_1}$$

$$\theta_{w2} = \theta_{f2} + \frac{q'}{\pi} \frac{1}{h_2 d_2}$$

36 | 7章　熱通過の計算はどのように取り扱うか

7.4　熱伝達率と熱通過率の実例

まず，各種の熱伝達率 h と λ/δ の値の概略を表7.1 に示す．

表7.1　熱工学上よく使用される各種の h と λ/δ の標準値 [W/(m²·K)]

物質	h
滴状凝結中の水	$(3.5 \sim 5.8) \times 10^4$
沸騰中の水	$(1.2 \sim 2.3) \times 10^4$
強制対流中の高温加圧水	$(5.8 \sim 11.6) \times 10^3$
膜状凝結中の水	$(4.7 \sim 9.3) \times 10^3$
強制対流中の水	$(1.2 \sim 5.8) \times 10^3$
強制対流中の過熱蒸気	$(5.8 \sim 23.3) \times 10^2$
強制対流中の低粘性油類	$(3.5 \sim 11.6) \times 10^2$
自然対流中の水	$(2.3 \sim 5.8) \times 10^2$
強制対流中の高粘性油類	$(3.5 \sim 23.3) \times 10$
自然対流中の低粘性油類	$(4.7 \sim 11.6) \times 10$
強制対流中の水素	$(2.3 \sim 14.0) \times 10$
強制対流中の空気およびガス類	$(2.3 \sim 9.3) \times 10$
自然対流中の高粘性油類	$(1.2 \sim 9.3) \times 10$
自然対流中の空気（高温度差）	$4.7 \sim 11.6$
自然対流中の空気（低温度差）	$2.3 \sim 7.0$
物質	λ/δ
1 mm の銅板	約 3×10^5
1 mm の鋼板	約 5×10^4
5 mm の鋼板	約 1×10^4
0.5 mm のケイ酸質湯垢	約 2×10^2
1 mm のアスベスト	約 2×10
1 cm の羊毛フェルト	約 $4 \sim 5$
5 cm の保温材（岩綿けいそう土など）	約 $0.6 \sim 1.4$
10 cm の保温材（同上）	約 $0.3 \sim 0.7$

つぎに，熱交換流体の組合せと伝熱形式とから分類した熱通過率 k の実例を，表7.2 および 表7.3 に示す．

表7.2　熱通過率 k の実例（流体の種類による）[W/(m²·K)]

流体の種類	k	参考事項
液体と液体	$140 \sim 350$	水　自然対流
	$290 \sim 930$	水　乱流
	$930 \sim 1700$	水　強制対流
液体とガス	$6 \sim 17$	空気　自然対流　温水ラジエータ
	$12 \sim 58$	空気　強制対流　エコノマイザ
	$58 \sim 580$	高圧（300 気圧）　ガス　二重管

7.4 熱伝達率と熱通過率の実例　37

表7.2 　（続き）

流体の種類	k	参考事項
ガスとガス	3 ～ 12	自然対流
	12 ～ 35	強制通風　過熱蒸気管
液体と沸騰中の液体	120 ～ 810	アンモニア蒸発　冷凍管　強制対流
	120 ～ 350	水　自然対流
	290 ～ 870	水　強制対流
ガスと沸騰中の液体	6 ～ 17	燃焼ガス　自然対流
	12 ～ 58	燃焼ガス　ボイラ
液体と凝縮中の蒸気	810 ～ 4100	水と水蒸気　強制対流
	580 ～ 2300	溶液と水蒸気　強制対流
	240 ～ 1200	水と水蒸気　自然対流
ガスと凝縮中の蒸気	6 ～ 12	自然対流　ラジエータ
	12 ～ 58	強制対流　空気加熱器
沸騰中の液体と凝縮中の蒸気	1200 ～ 4100	水と水蒸気
	1700 ～ 7000	水垂直管型蒸発かん

表7.3 　熱通過率 k の実例（装置形式による） [W/(m²·K)]

装置の形式	流体の種類		k	備考
	内	外		
ジャケットがま（ふつうは二重底内高温流体）	凝縮水蒸気	沸騰水	700 ～ 1700	鉄板製
	凝縮水蒸気	沸騰水	2200	銅板製
	凝縮水蒸気	水	810 ～ 1400	銅板製
	冷水	水	170 ～ 350	鉄板製
液中じゃ管（コイル）	凝縮水蒸気	沸騰液	1200 ～ 3500	銅管
	凝縮水蒸気	液	280 ～ 1400	銅管
	冷水	水	590 ～ 1000	銅管
多管式熱交換器（シェルチューブ式）	ガス	ガス	6 ～ 35	常圧
	ガス	高圧ガス	170 ～ 470	200 ～ 300 気圧
	高圧ガス	ガス	170 ～ 470	200 ～ 300 気圧
	液	ガス	17 ～ 70	
	冷水	水蒸気	1700 ～ 4100	タービン用コンデンサ
	高温ガス	沸騰水	17 ～ 47	煙管ボイラ
二重管熱交換器	ガス	ガス	12 ～ 35	銅管
	高圧ガス	ガス	23 ～ 58	銅管
	高圧ガス	高圧ガス	170 ～ 470	銅管
	高圧ガス	液	230 ～ 580	銅管
	液	液	350 ～ 1400	銅管
平行板型熱交換器	ガス	ガス	12 ～ 35	
	ガス	水	23 ～ 58	
	液	水	350 ～ 1200	

7章 熱通過の計算はどのように取り扱うか

演習問題

7.1 熱伝導率 $\lambda = 0.93\,\mathrm{W/(m \cdot K)}$，厚さ $0.2\,\mathrm{mm}$ の紙（耐熱温度 $170\,^\circ\mathrm{C}$）で容器をつくり，内部に $100\,^\circ\mathrm{C}$ の水を入れ，外から $1200\,^\circ\mathrm{C}$ のガス火炎で加熱するとき，ガス側では $h_1 = 93.0\,\mathrm{W/(m^2 \cdot K)}$，水側では $h_2 = 2330\,\mathrm{W/(m^2 \cdot K)}$ として，熱流束と紙の表面温度を計算し，紙でも火炎に耐えられることを確かめよ．

7.2 壁の長さ l，熱伝導率 λ_1 の材料でできた平板もしくは円管の一方を流れる一定温度 θ_{f1}，熱伝達率 h_1 の液体を，他方から熱伝達率が無限大の一定温度 θ_s の飽和水蒸気によって加熱するとき，液体側の壁面に厚さ δ，熱伝導率 λ_3 のスケール（水垢）が付着すると，伝熱量がどのように変わるか．数式を用いて説明せよ．

7.3 下記の (a)～(e) の各場合において，もっとも伝熱に対する抵抗が大きく，したがって，全体の伝熱速度を支配する過程は，①～③の各項目中のどれか．

      ① 固体内の熱伝導

      ② 液体内の対流熱伝達

      ③ 気体側の対流熱伝達

(a) 厚さ $10\,\mathrm{cm}$ のシャモットれんがの両側に，高温の燃焼ガスと低温の空気を高速度で流して熱交換を行っている場合

(b) 新しい節炭器（燃焼ガスが汚れのない金属水管内を流れている水を加熱している場合）

(c) $3\,\mathrm{mm}$ の厚さのスケールが管内に付着しているエバポレータ（凝縮する水蒸気によって管内の液を沸騰させる場合）

(d) 直径 $1\,\mathrm{cm}$，温度 $100\,^\circ\mathrm{C}$ のよく磨いた銅球が静止空気中につり下げられている場合

(e) 厚さ $40\,\mathrm{cm}$ の平板状の耐火物が $1000\,^\circ\mathrm{C}$ に加熱され，空気中に放置されてから 1 時間後の放熱現象

7.4 炉内の壁を厚さ $20\,\mathrm{cm}$ の 1 種類のれんがでつくり，その周囲を断熱材で囲む．また，炉壁内の温度は常に $1400\,^\circ\mathrm{C}$ とし，外気の温度は $0\,^\circ\mathrm{C}$ まで低下するものとする．このとき，断熱材の厚さを適当に設計せよ．

  設計に当たっては耐火れんが（熱伝導率 $1.74\,\mathrm{W/(m \cdot K)}$）を使用し，断熱材に断熱れんが（熱伝導率 $0.186\,\mathrm{W/(m \cdot K)}$，安全使用温度 $1000\,^\circ\mathrm{C}$）を使用するものとする．また，断熱れんがから外気への熱伝達率は $11.6\,\mathrm{W/(m^2 \cdot K)}$ とする．

7.5 温度 $800\,^\circ\mathrm{C}$ の燃焼ガスにさらされた広い金属平板（厚さ $15\,\mathrm{mm}$，熱伝導率 $58.2\,\mathrm{W/(m \cdot K)}$）製のタンクがあり，その内部に温度 $150\,^\circ\mathrm{C}$ の沸騰水がある．いま，この平板の内面に厚さ $5\,\mathrm{mm}$ のスケールが付着したとすれば，平板の外面温度は何 $^\circ\mathrm{C}$ になるか．

  ただし，ガスと平板表面間の熱伝達率は $17.4\,\mathrm{W/(m^2 \cdot K)}$，スケールの熱伝導率は $1.74\,\mathrm{W/(m^2 \cdot K)}$ であって，平板外面はガスから別に $14.5\,\mathrm{kW/m^2}$ の放射熱を受けている．また，沸騰水側の伝熱抵抗は無視してよい．

7.6 As shown in **figure 7.4**, a sheet of plastic of 25 mm thick ($\lambda = 2.44\,\text{W/(m·K)}$) is to be bonded to a 50 mm thick aluminum plate ($\lambda = 164\,\text{W/(m·K)}$). The glue which will accomplish the bonding is to be held at a temperature of 50 °C to achieve the best adherence, and the heat to accomplish this bonding is to be provided by a radiant heat source. The convective heat transfer coefficient on the outside surfaces of both the plastic and aluminum is $11.4\,\text{W/(m}^2\text{·K)}$, and the surrounding air is at 21 °C.

What is the required heat flux if it is applied on the surface of
(a) the plastic side ?
(b) the aluminum side ?

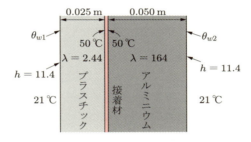

図 7.4

8 熱交換器における熱移動の形式について

ボイラやガスタービンの空気予熱器，温水による油予熱器，家庭用ガス給湯器などのように，ある流体を温度の異なるほかの流体によって強制的に加熱もしくは冷却する装置はいろいろ使用されており，一般に**熱交換器**（heat exchanger）とよばれる．

熱交換器はその伝熱の形式より，つぎの三つの形式に分類される．

8.1 隔板式熱交換器

隔板式熱交換器とは，ボイラなどのように，高温の流体と低温の流体とが管や板などの隔壁をへだてて別々に流れ，両流体間の隔壁を通って熱の移動が行われる形式である．この場合，両流体の流れの方向によってつぎの基本の形式が考えられる．

● 8.1.1 並流

図 8.1 のように，A を高温流体，B を低温流体とするとき，A と B とが同じ方向に**並流**（parallel flow）する場合である．

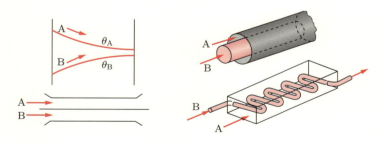

図 8.1　並流熱交換器

このとき，低温流体が矢印の方向に流れるに従って，高温流体から熱を奪ってしだいに温度が上昇する．逆に，高温流体は熱を奪われてその温度はしだいに低下する．

この場合，高温流体の温度降下の主方向と低温流体の温度上昇の主方向とがたがいに並進する．

● 8.1.2 向流

図8.2のように，高温流体Aの流れの方向と，低温流体Bの流れの方向とがたがいに対向，すなわち向流（counter flow）する場合である．したがって，高温流体Aの温度降下と低温流体Bの温度上昇との主方向がたがいに対向する場合である．

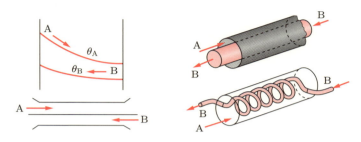

図 8.2　向流熱交換器

● 8.1.3 直交流

図8.3のように，高温流体Aの流れの方向と低温流体Bの流れの方向とが直交（cross flow）する場合である．

これらの貫流形式を応用した熱交換器は広く使用されており，図8.4のように，円管の中に直管や曲管などを多数通し，管の内側を流体A，管の外側を流体Bを通すようにした管胴形式（shell and tube type）もある．

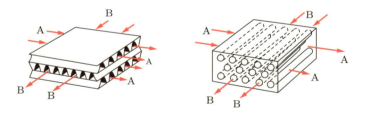

図 8.3　直交流熱交換器

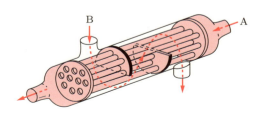

図 8.4　管胴形式熱交換器

8.2 蓄熱式（再生式）熱交換器

蓄熱式（再生式）熱交換器としては，つぎのようなものがある．図 8.5 に示す溶鉱炉の空気加熱器などのような固定式のものでは，内部にれんがや充てん材のような固体蓄熱材を積み，その間に高温流体 A を流して高温流体が運ぶ熱量を吸収して蓄熱させる．つぎに，弁を切り換えて低温流体 B を流し，蓄熱された熱量が装置を流れる低温流体に移行するようにしている．また，ボイラやガスタービンによく用いられるように，図 8.6 のような多数の薄板よりなる蓄熱体 R を回転させて，高温流体 A と低温流体 B の流路内を通過させる回転式のユングストローム（Ljungström）空気予熱器などがある．

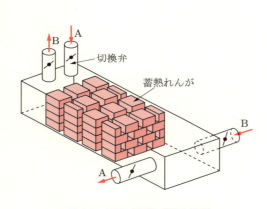

図 8.5 固定式蓄熱式熱交換器

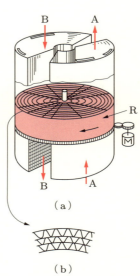

図 8.6 回転式蓄熱式熱交換器

8.3 直接接触式熱交換器

直接接触式熱交換器とは，冷却塔における水滴と空気などのように，高温流体 A と低温流体 B とを直接接触させて熱交換を行わせる形式である．

図 8.7 は温水を大気によって冷却する冷却塔の例，また図 8.8 は，粒状スラグを高温ガス内に散布して溶融した後，空気加熱に使用して再循環するスラグ熱交換器の一案である．

8.3 直接接触式熱交換器　43

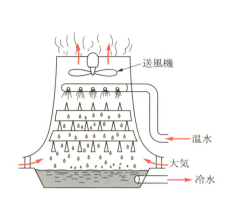

図 8.7　冷却塔

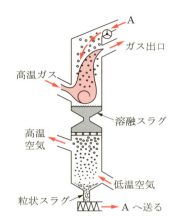

図 8.8　スラグ熱交換器（案）

 以下にあげる熱交換器では，熱の交換はどのような形式に属し，かつ，どのような流体間にどのような伝熱が行われているだろうか．それぞれ該当する図を参考にして考えよう．

(a) ボイラにおける節炭器（エコノマイザ）（図 8.9 参照）
(b) 蒸気タービンにおけるコンデンサ（表面復水器）（15 章の図 15.1 参照）
(c) ナトリウム冷却高速中性子原子炉用蒸気発生器（図 8.10 参照）
(d) 連続して移動している鋼材を油にて連続的に急速冷却する連続焼入れ装置（図 8.11 参照）

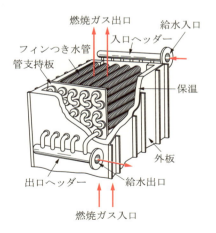

図 8.9　エコノマイザ（節炭器）

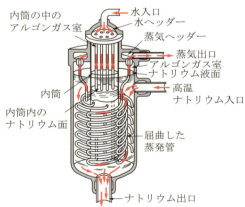

図 8.10　ナトリウムによる蒸気発生器（例）

8章 熱交換器における熱移動の形式について

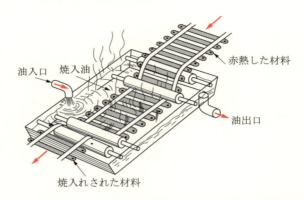

図 8.11 鋼材（この図では金鋸歯）の連続焼入れ装置

演習問題

8.1 自動車の水冷ガソリンエンジン用の放熱器（ラジエータ）はどの形式の熱交換器に属しているか．

8.2 家庭用電気冷蔵庫の背面の放熱器はどの形式の熱交換器に属するか．

8.3 火力発電所用大型ボイラは多数の熱交換器を直列に配置したものである．手近な例について調べ，その形式と伝熱の概要について説明せよ．

8.4 伸銅工場で用いられる銅ビレット加熱器について調べ，熱交換器としてみたとき，その形式と伝熱方式について述べよ．

8.5 高温ガスタービン用熱交換器を例にとり，高温熱交換器に要求される工学的性質について説明せよ．

8.6 無限に大きい伝熱面積をもつ熱交換器があり，高温流体 A と低温流体 B の間で熱交換を行うものとすると，並流型のときは，両者の温度は A と B を混合したとき到達する温度に近づき，また向流型のときは，両者の温度はたがいに完全に入れ替わって，B は A，A は B の入口温度に近づくことを示せ．また，熱伝達率が十分に大きいときの有限面積熱交換器でも，流体 A，B は同じ傾向となることを示せ．

8.7 図 8.6 に示した回転式熱交換器の蓄熱体 R が十分高速で回転するときは，流体 A，B の温度変化は通常の向流型熱交換器に似ることを示せ．

9 熱交換器の伝熱はどのように計算するか

9.1 熱交換器における伝熱の計算

代表的な熱交換器として隔板式を取り上げ，熱交換の伝熱の計算のしかたについて述べる．

図 9.1 のように，高温流体 A と低温流体 B とが並流（または向流）するとき，入口から距離 x だけ進んだ位置から $\mathrm{d}x$ だけ動く間に，境界面 $\mathrm{d}A$ を通って高温側から低温側へ熱量 $\mathrm{d}Q$ が移動するものとする．このとき，流体が距離 $\mathrm{d}x$ だけ移動する間に，高温流体の温度は，θ_A から $\mathrm{d}\theta_\mathrm{A}$ だけ低下し，低温流体の温度は θ_B から $\mathrm{d}\theta_\mathrm{B}$ だけ上昇するものとする．このとき，

$$\mathrm{d}Q = k(\theta_\mathrm{A} - \theta_\mathrm{B})\mathrm{d}A \tag{9.1}$$

であり，ここで，熱通過率 k の値は流体の温度に関係なく，どの位置においても一定であると考える．

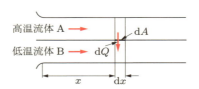

図 9.1 熱交換器内の伝熱の計算

高温側が失う熱量は

$$\mathrm{d}Q = -G_\mathrm{A} c_{p\mathrm{A}} \mathrm{d}\theta_\mathrm{A} \quad (向流，並流とも)$$

であり，また，低温側が得た熱量は

$$\mathrm{d}Q = \begin{cases} G_\mathrm{B} c_{p\mathrm{B}} \mathrm{d}\theta_\mathrm{B} & (並流のとき) \\ -G_\mathrm{B} c_{p\mathrm{B}} \mathrm{d}\theta_\mathrm{B} & (向流のとき) \end{cases}$$

である．ただし，添字 A，B は高温および低温の流体を表し，G は質量流量，c_p は定圧比熱を表す．上式より，

$$d\theta_A = -\frac{dQ}{G_A c_{pA}}, \qquad d\theta_B = \pm\frac{dQ}{G_B c_{pB}} \quad (+ は並流, - は向流)$$

となり，温度差の変化は

$$d\theta_A - d\theta_B = d(\theta_A - \theta_B) = -\left(\frac{1}{G_A c_{pA}} \pm \frac{1}{G_B c_{pB}}\right) dQ = -D dQ \qquad (9.2)$$

と表される．ただし，D は次式で表される．

$$D = \frac{1}{G_A c_{pA}} \pm \frac{1}{G_B c_{pB}} \qquad (9.3)$$

式 (9.1) を式 (9.2) に代入すると，

$$d(\theta_A - \theta_B) = -Dk(\theta_A - \theta_B)dA$$

となり，温度差を $\theta_A - \theta_B = \Delta\theta$ とおくと，

$$\frac{d(\Delta\theta)}{\Delta\theta} = -Dk dA \qquad (9.4)$$

となる．

この式 (9.4) を積分すれば，入口から x の距離における二つの流体の温度差が，どのような形で表されるかが求まる．

そこで，並流の場合と向流の場合について，図 9.2, 図 9.3 のように記号をつける．ただし，入口側，出口側をそれぞれ添字 1 および 2 で表すものとする．

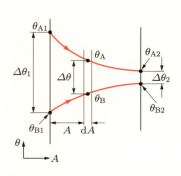

図 9.2 並流における熱交換器内温度分布　　図 9.3 向流における熱交換器内温度分布

このとき，式 (9.4) において両辺を入口から A まで積分すると，

$$\int_{\Delta\theta_1}^{\Delta\theta} \frac{d(\Delta\theta)}{\Delta\theta} = -Dk \int_0^A dA$$

$$\therefore \quad \ln\frac{\Delta\theta}{\Delta\theta_1} = -DkA \qquad (9.5)$$

$$\therefore \quad \Delta\theta = \Delta\theta_1 \cdot e^{-DkA} \tag{9.6}$$

となり，式 (9.6) より，伝熱面に沿う温度差は，k が一定のときは向流，並流にかかわらず，指数関数の形に従って変化することがわかる．

式 (9.6) より，入口から距離 x だけ進む間の平均温度差 $\Delta\theta_m$ を求めてみよう．

$$\Delta\theta_m = \frac{1}{A}\int_0^A \Delta\theta \mathrm{d}A = \frac{\Delta\theta_1}{A}\int_0^A e^{-DkA}\mathrm{d}A = -\frac{\Delta\theta_1}{DkA}(e^{-DkA}-1) \tag{9.7}$$

ここで，式 (9.5) より

$$DkA = -\ln\frac{\Delta\theta}{\Delta\theta_1}$$

であり，式 (9.6) より

$$e^{-DkA} = \frac{\Delta\theta}{\Delta\theta_1}$$

であるので，これらを式 (9.7) に代入すると

$$\Delta\theta_m = \frac{\Delta\theta - \Delta\theta_1}{\ln(\Delta\theta/\Delta\theta_1)} \tag{9.8}$$

となる．したがって，入口から出口までの平均温度差を求めると，$\Delta\theta = \Delta\theta_2$ として

$$\Delta\theta_m = \frac{\Delta\theta_2 - \Delta\theta_1}{\ln(\Delta\theta_2/\Delta\theta_1)} \tag{9.9}$$

となる．

一般に，並流，向流にかかわらず，$\Delta\theta_1$ と $\Delta\theta_2$ を熱交換器の入口と出口における流体 A，B の温度差とするとき，平均温度差は式 (9.10) となる．

$$\Delta\theta_m = \frac{\Delta\theta_1 - \Delta\theta_2}{\ln(\Delta\theta_1/\Delta\theta_2)} \tag{9.10}$$

このような $\Delta\theta_m$ を，対数平均温度差 (logarithmic mean temperature difference) という．

とくに，$\Delta\theta_1 = \Delta\theta_2$ のときは $\Delta\theta_m = \Delta\theta_1 = \Delta\theta_2$ であり，また，$\Delta\theta_1$ と $\Delta\theta_2$ との差が両者に比べて十分に小さいときは

$$\Delta\theta_m = \frac{\Delta\theta_1 + \Delta\theta_2}{2}$$

としてもあまり誤差はない．

熱交換器において，熱交換がどのように効率よく交換されているかを調べる目安として，**温度効率**（temperature efficiency）η_t をつぎのように定義している．

図 9.2（並流形式），図 9.3（向流形式）において，それぞれの流体についての温度効率 η_{tA}，η_{tB} はつぎのように表される．

$$\eta_{tA} = \left|\frac{\theta_{A1} - \theta_{A2}}{\theta_{A1} - \theta_{B1}}\right|, \qquad \eta_{tB} = \left|\frac{\theta_{B2} - \theta_{B1}}{\theta_{A1} - \theta_{B1}}\right|$$

このとき，これらの分母は流体が理論的に達成しうる最大温度上昇または下降の値を示し，これに対して，分子は実際に流体が実現する温度上昇または下降の最大値を示していることを確かめよう．つぎに，

$$\beta = \frac{G_A c_{pA}}{G_B c_{pB}}, \qquad Z = \frac{kA}{G_A c_{pA}}$$

とおくとき，$\beta \leqq 1$，すなわち $G_B c_{pB} \geqq G_A c_{pA}$ のとき，並流および向流形式に対して，図 9.4 ならびに図 9.5 が求められている．これにより，Z および β がわかれば，両図より温度効率を読みとることができる．

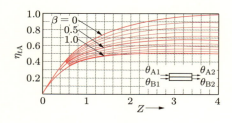

図 9.4　並流形式の η_{tA}

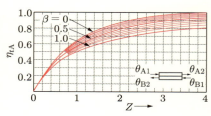

図 9.5　向流形式の η_{tA}

演習問題

9.1 1 t/h のガスを 15 °C から 40 °C まで加熱するガス加熱器を製作したい．加熱には 300 kg/h の温水を用い，温水の入口温度を 80 °C とする．ガスと温水とを並流させる場合と向流させる場合とでは，伝熱面積にどのくらいの差が生じるかを計算せよ．ただし，ガスの平均比熱を 1.00 kJ/(kg·K)，熱通過率を 29.1 W/(m²·K) とする．また，加熱器から外部への熱損失は無視するものとする．

9.2 A double-pass heat exchanger is to condense 1000 kg/h of steam initially saturated at 5.3 kPa absolute pressure with saturated temperature of 34.0 °C, and latent heat $= 2.42\,\text{MJ/kg}$. The cooling water enters at $15\,°\text{C}$ and leaves at $25\,°\text{C}$ through $20\,\text{mm}$ ID, $22\,\text{mm}$ OD brass tubes, $\lambda = 60.5\,\text{W/(m·K)}$, for an effective length of condenser of $3\,\text{m}$. Calculate the area and number of tubes required if the steam side heat transfer coefficient is $5.82\,\text{kW/(m}^2\text{·K)}$, while waterside to be $3.49\,\text{kW/(m}^2\text{·K)}$, and determine the coefficient of overall heat transmission based upon the outside tube area.

9.3 圧力 $1.57\,\text{MPa}$ の多量の乾き飽和蒸気で，圧力 $0.196\,\text{MPa}$，温度 $40\,°\text{C}$ の水 $200\,\text{kg/h}$ を加熱して湿り蒸気にする熱交換器がある．熱交換面の面積は $2\,\text{m}^2$，熱通過率はいたるところで $349\,\text{W/(m}^2\text{·K)}$ である．発生する蒸気の乾き度および高圧加熱蒸気側から発生するドレンの量はどのくらいか．ただし，水の比熱は $4.20\,\text{kJ/(kg·K)}$，蒸気の性質は**表 9.1** のとおりである．また，熱交換器から外部への放熱はないものとする．

表 9.1

圧力 [MPa]	飽和温度 [°C]	乾き蒸気のエンタルピー [kJ/kg]	飽和水のエンタルピー [kJ/kg]
0.196	120	2700	502
1.57	200	2790	854

9.4 過熱蒸気を用いて水を加熱するために，おのおの一定の流量で向流熱交換を行わせる二重管熱交換器を作製した．実際にその温度を測定したところ，つぎのようであった．

> 蒸気の入口温度 $300\,°\text{C}$，　水の入口温度 $15\,°\text{C}$
> 蒸気の出口温度 $150\,°\text{C}$，　水の出口温度 $100\,°\text{C}$

さて，経済上の観点から，蒸気の出口温度を $100\,°\text{C}$ とするためには，熱交換器の管長を何倍にしたらよいか計算せよ．ただし，水の入口温度および流量は変えないものとし，管の長さを変化させても熱通過率は変化しないものとする．また，二重管熱交換器の保温は十分であって，管表面からの放熱は無視できるものとする．

9.5 ある装置に毎時 $1/2\,\text{t}$ の水蒸気を使用端で $120\,°\text{C}$ の飽和蒸気の形で得たい．ところが，この装置と過熱蒸気発生装置との間が $100\,\text{m}$ あるので，この間を適当なパイプで連結する必要が生じた．

そこで，このパイプを設計する問題を考えてみよう．このとき，

① パイプの選択（材質，直径）　② パイプの周囲に巻きつける保温材の選択
③ パイプの中で水蒸気の凝縮が起こらないようにするため，過熱蒸気発生装置では，
　発生する蒸気の温度を何度にするか
などが問題点になる．

例として，厚さ $30\,\text{mm}$ の保温材を巻いた外径 $89\,\text{mm}$ のガス管を使用すると，管の保温材外表面にもとづく熱通過率は $1.86\,\text{W/(m}^2\text{·K)}$ となる．大気温度を $15\,°\text{C}$，水蒸気の平均比熱を $2.05\,\text{kJ/(kg·K)}$ と仮定すると，発生させる蒸気の温度は何 $°\text{C}$ になるか．

10 側方に放熱のある板（柱）とひれつき面の伝熱の計算

10.1 側方に放熱のある板（柱）の伝熱

　9章の熱交換器は強制的に伝熱を行わせるように工夫された例であり，とくに隔板式熱交換器では，高温流体と低温流体とを隔壁の両側に流し，放熱または吸熱を行っている．ところが，熱交換を効果的に行うために伝熱面に**ひれ**（フィン：fin）をつける場合が多い．図10.1のように，空冷の内燃機関にはシリンダの周囲にきわめて多数のひれをつけている．

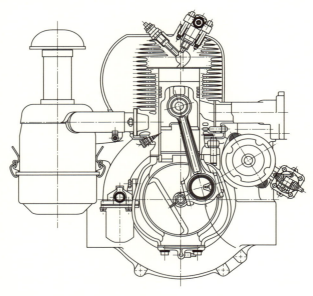

図 10.1　ひれのついた機器の実例（空冷ディーゼルエンジン）

　そこで，ひれを通って伝わる熱量の計算をしてみよう．もっとも簡単な場合のひれのモデルとして，図10.2のように，側方に放熱のある断面積 A，周囲の長さ S の板状の細長い柱を通る熱の流れを考える．柱は壁に対して垂直に立っており，柱の温度は壁と直角方向（x 方向）に対してだけ変化するものとする．したがって，このとき柱の温度 θ は次式で表される．

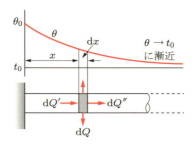

図 10.2 側方から放熱のある無限長の柱の熱伝導

$$\theta = f(x)$$

柱の根元温度を θ_0 で一定とし，また，柱のまわりの媒質の温度は一様で t_0 とすると，柱の根元より先に進むに従って柱の温度が t_0 に近づき，柱が無限長の場合は，柱の先端の温度は媒質の温度に等しく t_0 となるはずである．

いま，柱の材料の熱伝導率を λ，柱の表面と媒質の間の熱伝達率を h とし，定常状態において柱の壁から x の距離にある微小長さ $\mathrm{d}x$ の部分についての熱の出入りを考える．柱を伝わって入ってくる熱量を $\mathrm{d}Q'$，出ていく熱量を $\mathrm{d}Q''$，およびその間に柱の周囲から側方の媒質に伝わる熱量を $\mathrm{d}Q$ とすると，

$$\begin{aligned}
\mathrm{d}Q &= \mathrm{d}Q' - \mathrm{d}Q'' \\
&= -\lambda A \frac{\mathrm{d}\theta}{\mathrm{d}x} - \left\{ -\lambda A \frac{\mathrm{d}}{\mathrm{d}x}\left(\theta + \frac{\mathrm{d}\theta}{\mathrm{d}x}\mathrm{d}x\right) \right\} \\
&= \lambda A \frac{\mathrm{d}^2\theta}{\mathrm{d}x^2}\mathrm{d}x
\end{aligned} \tag{10.1}$$

と表される．ところが，柱の周囲 $S\mathrm{d}x$ から側方の媒質に伝わる熱量は

$$\mathrm{d}Q = h(\theta - t_0)S\mathrm{d}x \tag{10.2}$$

であるので，式 (10.1) と式 (10.2) より

$$\begin{aligned}
\lambda A \frac{\mathrm{d}^2\theta}{\mathrm{d}x^2}\mathrm{d}x &= h(\theta - t_0)S\mathrm{d}x \\
\therefore \quad \frac{\mathrm{d}^2\theta}{\mathrm{d}x^2} &= \frac{hS}{\lambda A}(\theta - t_0)
\end{aligned}$$

となる．

ここで，$\theta - t_0 = \Theta$ とし，

とおくと，

$$m^2 = \frac{hS}{\lambda A} \tag{10.3}$$

とおくと，温度分布を決める方程式は

$$\frac{d^2\Theta}{dx^2} = m^2\Theta \tag{10.4}$$

となる．ここで，λ, A, S は一定であり，また，距離 x によって h の値が変わらないときは $m = $ 一定 である．

式 (10.4) は 2 階線形微分方程式であり，この一般解はつぎの形で表される．

$$\Theta = C_1 e^{mx} + C_2 e^{-mx} \tag{10.5}$$

ただし，C_1, C_2 は積分定数であり，その値は境界条件より求まる．

つぎに，式 (10.5) をもとにして，図 10.3 の長さ l の柱に関して，柱の先端の温度と，柱の周囲から逃げる熱量を計算してみよう．

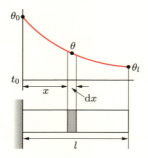

図 10.3　側方から放熱のある有限長の柱の熱伝導

境界条件より，$x = 0$ のとき $\Theta_0 = \theta_0 - t_0$ であるので，

$$\theta_0 - t_0 = C_1 + C_2 \tag{10.6}$$

となる．

先端の頂面からの放熱を無視すると，先端にて

$$Q_{x=l} = -\lambda \left(\frac{d\theta}{dx}\right)_{x=l} \cdot A = 0 \tag{10.7}$$

となる．

つぎに，式 (10.5) の両辺を x で微分して，$x = l$ を式 (10.7) の微分項に代入すると

$$\left(\frac{d\theta}{dx}\right)_{x=l} = \left(\frac{d\Theta}{dx}\right)_{x=l} = C_1 m e^{ml} - C_2 m e^{-ml} = 0 \tag{10.8}$$

となり，式 (10.6) と連立させて C_1, C_2 を解くと

$$C_1 = \frac{e^{-ml}}{2\cosh(ml)}(\theta_0 - t_0), \quad C_2 = \frac{e^{ml}}{2\cosh(ml)}(\theta_0 - t_0)$$

となる．したがって，柱の温度分布を表す曲線の式はつぎの形になり，**図 10.3** のように，根元では θ_0 に等しく，先端に進むに従って t_0 に近づく形状となる．

$$\theta_x = t_0 + \frac{\cosh\{m(l-x)\}}{\cosh(ml)}(\theta_0 - t_0) \tag{10.9}$$

とくに，柱の先端の温度 θ_l は式 (10.9) に $x = l$ を代入し，式 (10.10) のようになる．ml が大きいほど θ_l は t_0 に近く，ml が小さいほど θ_0 に近い．

$$\theta_l = t_0 + \frac{(\theta_0 - t_0)}{\cosh(ml)} \tag{10.10}$$

つぎに，柱の周囲（頂面も含む）から周囲の媒質に逃げていく熱量を計算してみよう．

定常状態では，柱の周囲から媒質に伝わる全熱量は，柱の根元を通る熱量に等しい．したがって，

$$Q = -\lambda A \left(\frac{d\theta}{dx}\right)_{x=0}$$
$$= -\lambda A(C_1 me^{mx} - C_2 me^{-mx})_{x=0} = -\lambda Am(C_1 - C_2)$$

であり，求める熱量 Q は，式 (10.11) のように表される．

$$Q = \lambda Am(\theta_0 - t_0)\tanh(ml) \tag{10.11}$$

 柱の任意の点における温度 θ_x は式 (10.9)，柱の先端の温度 θ_l は式 (10.10)，柱の周囲から逃げていく熱量 Q は式 (10.11) を用いてそれぞれ計算できることがわかった．ここで，
(a) m が大きい値をとるとき
(b) m が小さい値をとるとき
では，これらの式はどのように変形できるか考えよう．また，それらの式はどのような場合を表しているか考察しよう．

熱伝達率 h が大きく，よって m の値がきわめて大きい柱の根元面における相当熱伝達率 h_{eq} は

$$h_{eq} = \sqrt{h\left(\frac{\lambda S}{A}\right)} \tag{10.12}$$

となることを確かめよう．ただし，h_{eq} は $Q \equiv h_{eq}A(\theta_0 - t_0)$ で定義される．

10.2 ひれつき面の伝熱はどのように計算するか

伝熱面にひれをつけると，伝熱面の表面積が著しく拡大されて拡大面（extended surface）となり，周囲の媒質への伝熱量が増大する．

これに対して，伝熱量を一定に抑えるときは，表面に適当なひれを取り付けることにより，熱交換器はコンパクトになり軽量となる．しかし反面，ひれの形状や材質，工作の問題，ひれの汚染の問題などの問題点も生じる，

ひれのもっとも簡単な場合は，前節のように，側方に放熱のある一様な厚さの板と考えられる場合であり，そのときの解は，前節からすぐ求められる．しかし，一般にはひれの形状が複雑になると，この伝熱過程を解析的に解くことはかなり複雑になる．したがって，ここではこれまでに解かれている各種のひれについて，その結果をひれ効率を用いて示す．

温度 θ_0 の壁面にひれをつけるとき，ひれの温度もまた θ_0 ならば，ひれによる拡大面の拡大効果は 100％である．しかし，前に述べたように，ひれ内部に温度降下が生じる．そこで，つぎのようにひれ効率（fin efficiency）η を定義する．

$$\eta = \frac{\text{ひれによって実際に放散される全熱量}}{\substack{\text{ひれの全表面がひれの根元温度に等し}\\\text{いと仮定したときに放散される熱量}}} = \frac{\displaystyle\int h(\theta_x - t_0)\mathrm{d}a}{h(\theta_0 - t_0)a}$$

$$= \frac{1}{\theta_0 - t_0}\frac{\displaystyle\int \theta_x \mathrm{d}a - \int t_0 \mathrm{d}a}{a} = \frac{1}{\theta_0 - t_0}\frac{\theta_m a - t_0 a}{a}$$

$$= \frac{\theta_m - t_0}{\theta_0 - t_0} \tag{10.13}$$

ただし，θ_x：根元より x の距離におけるひれ表面の温度

θ_0：根元の壁の温度

θ_m：ひれ全表面における θ_x の平均温度 $\left(= \displaystyle\int \theta_x \mathrm{d}a \Big/ a\right)$

t_0：外部媒質の温度

a：ひれ表面積

図 10.4 に種々の断面形状の 2 次元ひれと，そのひれ効率 η を示す．

前節の例を用いて，式 (10.13) で定義されるひれ効率を求めてみる．式 (10.13) の 1 行目の分子は Q であるので，式 (10.11) を代入する．また，分母は，式 (10.2) において $\mathrm{d}x = l$ とおいた形で表されるので，

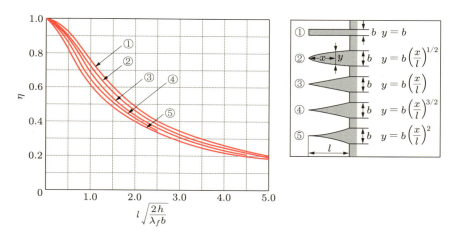

図 10.4 種々の断面形状のひれとそのひれ効率
l：ひれの高さ，b, y：根元および任意の位置のひれの厚さ
λ_f：ひれ材料の熱伝導率，h：ひれ表面の熱伝導率

$$\eta = \frac{Q}{h(\theta_0 - t_0)Sl} = \frac{\lambda A m(\theta_0 - t_0)\tanh(ml)}{h(\theta_0 - t_0)Sl}$$
$$= \frac{\tanh(ml)}{ml} \tag{10.14}$$

となる．

図 10.4 の曲線①で示される厚さ b，長さ l の平板の場合，板の奥行きを B とすると，式 (10.3) に $S = 2(B+b)$，$A = Bb$ を代入して

$$m^2 = \frac{2h(B+b)}{\lambda Bb} \tag{10.15}$$

となる．ここで，式 (10.15) において $B \gg b$ であるので，

$$m^2 = \lim_{b/B \to 0} \frac{2h(B+b)}{\lambda Bb} = \lim_{b/B \to 0} \frac{2h(1+b/B)}{\lambda b} = \frac{2h}{\lambda b} \tag{10.16}$$

より，

$$ml = l\sqrt{\frac{2h}{\lambda b}} \tag{10.17}$$

となる．したがって，図 10.4 の横軸は ml に対応するので，図の曲線①は式 (10.14) で表せる．

10章 側方に放熱のある板（柱）とひれつき面の伝熱の計算

> 原子炉では，**核燃料片**からの放熱を高めるために，図 10.5 のように多くの形状を使用している．その方針としては，単位重量の発熱体当たりに，できるだけ多くの放熱面積をもつようにしていて，そのため，直径が小さい燃料片や，厚さの薄い燃料片を使用し，かつ，図のように多数のひれをつけたり，また，環状や多数孔状としていることを確認しよう．

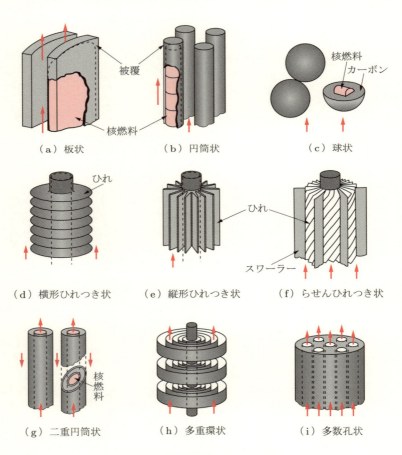

図 10.5 核燃料片の代表的な形状

演習問題 | 57

演習問題

10.1 つぎのひれのひれ効率を，図 10.4 を利用して求めよ．

(a) 鉄ひれ（図中の ① および ③ の形状について求めよ）

厚さ $b = 0.3\,\mathrm{mm}$, $\quad \lambda_f = 50\,\mathrm{W/(m \cdot K)}$

長さ $l = 40\,\mathrm{mm}$, $\quad h = 29.1\,\mathrm{W/(m^2 \cdot K)}$

(b) 銅ひれ（図中の ① および ⑤ の形状について求めよ）

厚さ $b = 0.1\,\mathrm{mm}$, $\quad \lambda_f = 372\,\mathrm{W/(m \cdot K)}$

長さ $l = 30\,\mathrm{mm}$, $\quad h = 163\,\mathrm{W/(m^2 \cdot K)}$

10.2 温度 800 °C の壁から 20 °C の空気中に，厚さ 5 mm，幅 30 mm，長さ 500 mm の鉄製ひれが直角に突出している．このひれの放熱量を求めよ．また，温度が 50 °C となる場所は壁から何 mm か．ただし，$\lambda = 46.5\,\mathrm{W/(m \cdot K)}$，$h = 23.3\,\mathrm{W/(m^2 \cdot K)}$ である．

10.3 水と空気とが軟鋼板の壁で分離されている．そこで，この二つの流体間の伝熱量を増加させるために，まっすぐな直立した長方形のひれ（厚さ 2.5 mm，高さ 40 mm）を8 mm 間隔でつけることにする．

空気側および水側の熱伝達率は一定で，それぞれ $11.6\,\mathrm{W/(m^2 \cdot K)}$ および $2.56\,\mathrm{kW/(m^2 \cdot K)}$ である．このとき，ひれを以下の (a)～(d) のように取り付けると，伝熱量はいくら増加するか．ただし，軟鋼板の厚さは δ/λ が省略できる程度に薄いものとする．また，軟鋼板とひれの熱伝導率はともに $58.2\,\mathrm{W/(m \cdot K)}$ とする．

(a) ひれがまったくない場合　　(b) 水側にひれをつける場合

(c) 空気側にひれをつける場合　　(d) 両側にひれをつける場合

ただし，空気側および水側のひれ効率はそれぞれ 0.42 および 0.75 とする．

10.4 半径 r_0 の円柱の内部に発熱量 $q_v\,[\mathrm{W/m^3}]$ の熱源が一様に置かれているとする．発生した熱は柱の外面から，温度が一様に θ_f である流体で囲まれた周囲に逃げていくが，このとき，柱の表面および円柱内の半径方向の温度分布を求める計算式を以下の順序で求め，空欄を埋めよ．ただし，柱の熱伝導率は $\lambda\,[\mathrm{W/(m \cdot K)}]$ とする．また，現象は軸方向にはすべて一様であるとする．

柱の内部に半径 r，厚さ $\mathrm{d}r$ の環状の層を考える．この層を通る単位長さ当たりの熱量は，フーリエの法則から

$$\frac{Q}{l} = \boxed{} \frac{\mathrm{d}\theta}{\mathrm{d}r} \qquad\qquad ①$$

となる．一方，内部熱源 q_v があるから，

$$\frac{Q}{l} = \boxed{} q_v \qquad\qquad ②$$

であり，式 ① － ② より

$$\mathrm{d}\theta = \boxed{} \mathrm{d}r \qquad\qquad ③$$

となる.

式 ③ の両辺を積分して,境界条件より積分定数を定める.$r = r_0$ で $\theta = \theta_w$ とすると,この場合,温度分布の曲線の式として

$$\theta = \theta_w + \boxed{} \left\{ 1 - \left(\frac{r}{r_0} \right)^2 \right\} \tag{④}$$

を得る.

つぎに,境界条件として表面温度 θ_w,周囲の温度 θ_f,熱伝達率 $h\,[\mathrm{W/(m^2 \cdot K)}]$ が与えられているときは

$$\frac{Q}{l} = h \boxed{} \tag{⑤}$$

となるので,式 ②,④ および式 ⑤ より

$$\theta = \theta_f + \boxed{} \left\{ 1 + \left(\frac{r}{r_0} \right)^2 \left(\frac{2\lambda}{hr_0} - 1 \right) \right\} \tag{⑥}$$

を得る.

11 対流熱伝達に関する基本事項

11.1 速度境界層と温度境界層

　対流熱伝達を取り扱うのは，すでに7章で述べたように，ある物体の表面と，その上に静止しているか，あるいは流れている流体との間の伝熱を考える場合である．

　一般に，対流熱伝達は**自然対流熱伝達**（free convection heat transfer）と**強制対流熱伝達**（forced convection heat transfer）とに分けられる．

　流体中に温度差を生じたとき，比重の差による浮力の影響で，図11.1のように流体内部に自然に相対的な流れを生じる場合を**自然対流**という．これに対して，ポンプや送風機などのほかからの強制力により流体に流動を生じる場合を**強制対流**という．

　図11.1に，加熱した水平円柱と垂直平板および水平平板のまわりに自然対流によって形成される温度境界層を示す．

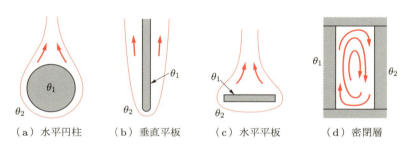

（a）水平円柱　　　（b）垂直平板　　　（c）水平平板　　　（d）密閉層

図 11.1　各種の自然対流熱伝達の様子（$\theta_1 > \theta_2$）

　図11.2に，水平円柱と垂直平板における自然対流のシュリーレン写真例を示す．

　まず，強制対流熱伝達について，物体上を流れている流体と物体との間の熱交換を考える．いま，速度 u_∞ の流体の流れに平行に平板を置くと，平板表面に直接接触している流体分子は表面に付着し，そこでは流れは静止している．したがって，流速はゼロである．その分子の外の層を流れる分子は，これらの分子の上を滑って通過しようとするため，高速の分子と低速の分子の間に摩擦が起こり，減速されて，その結果せん断力が生じる．層流においては，流体の粘性による粘性せん断力だけを生じ，乱流においては，この粘性せん断力のほかに乱流渦の効果による乱流せん断力が付加される．

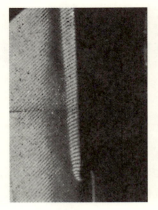

(a) 水中加熱垂直平板　　　　(b) 空気中の加熱水平円柱

図 11.2　自然対流境界層のシュリーレン写真例
　　　　　（いずれも斜め影写真法による格子線を同時撮影
　　　　　　して，境界層内の温度分布の状況を示している）

これらの粘性力の効果は流体内に拡散されるが，表面からしだいに離れるにつれて流速は大きくなるとともに粘性力の効果は小さくなり，平板表面からある距離だけ離れてしまうと，流速は一定の大きさ u_∞ となる．

図 11.3 は各場所における速度の大きさを矢印で表したものである．物体の表面近くの速度変化のある層を**速度境界層**（velocity boundary layer）という．

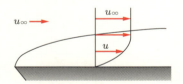
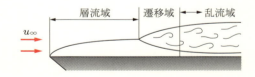

図 11.3　平板に沿う速度境界層　　　　**図 11.4**　平板に沿う境界層の遷移

また，図 11.4 のように，境界層が乱れのない層状をなして流れている部分が**層流境界層**（層流域：laminar boundary layer）で，乱れのある部分が**乱流境界層**（乱流域：turbulent boundary layer）であり，その中間が遷移域である．

一般に，流体表面の温度が流体の主流温度と異なっているときは，その温度分布は表面のごく近くで変化して，**温度境界層**（thermal boundary layer）ができる．図 11.5 のように，温度境界層では粘性力の代わりに熱伝導によって，伝熱が境界層に垂直に行われる．温度境界層はまた，熱境界層ともよばれる．

温度境界層は速度境界層の影響を受けるので，一般には図 11.6 のように，二つの

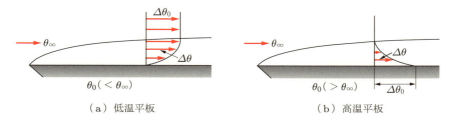

(a) 低温平板　　　　　　　　(b) 高温平板

図 11.5　平板に沿う温度境界層（$\Delta\theta_0 = |\theta_\infty - \theta_0|$）

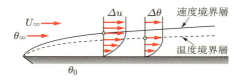

図 11.6　平板に沿う速度境界層と温度境界層

境界層は類似の形を示す．この温度境界層を通して流体と固体壁との間に起こる熱エネルギーの移動が，対流熱伝達である．

11.2　熱伝達率

一般に，面積 A の平面板（温度 θ_w）と流体（温度 θ_f）との間の対流による伝熱量 Q は

$$Q = h(\theta_f - \theta_w)A \quad (\theta_f > \theta_w \text{のとき}) \tag{11.1}$$

または

$$Q = h(\theta_w - \theta_f)A \quad (\theta_w > \theta_f \text{のとき}) \tag{11.2}$$

の形で与えられる．この形における比例定数 h を**熱伝達率**（heat transfer coefficient）と定義する．

ところが，たとえば平板上を流体が流れると，厚さがしだいに成長する不均一な温度境界層を生じる．それにより，熱伝達率の値は平板上の場所によって異なる．このように，特定の場所に適用する h をとくに取り上げる場合は，この h を**局所熱伝達率**（local coefficient of heat transfer）という．しかし，実際の場合は伝熱面全体についてとった平均値を用いることが多い．この場合，h を**平均熱伝達率**（average coefficient of heat transfer）という．ふつうはとくに断らない場合，h にはこの平均熱伝達率の値を用いる．h の単位は W/(m^2·K) である．熱伝達率 h は物体の形状，流れの性質，

表 11.1　熱伝達率の具体例 [W/(m²·K)]

自由対流	大気中の平面	6
自由対流	水中の平面	810
強制対流	管内の空気流	47
強制対流	管内の水流	5800
沸騰水		5800
凝縮水		11600

流速，流体の種類などの外部条件で，いくらでも変化させることのできるものであって，物性値ではなく，技術的係数である．

参考のため，熱伝達率 h の概略値を**表 11.1** に示す．

11.3　無次元数の定義

たとえば，ある学科での成績が何番というよりも，何名中何番という無次元的な表示のほうがその成績の良否をよく示したり，また一つのグループの中で，文化部員と運動部員の数の比といった無次元数が，そのグループの大小に無関係に，そのグループの雰囲気をよく示すことがある．このように，熱や流れの物理現象においても，その現象に関係する力や物性値の比によって成り立つ無次元数が，その現象の特性をよく説明することが多い．その主な無次元数にはつぎのようなものがある．

●11.3.1　レイノルズ数

固体壁に沿って物体が流れる場合，層流境界層と乱流境界層が生じることを学んだ．両境界層の内部では流体の流れの様相がまったく違うので，層流か乱流かによって，固体壁と流体との間の熱伝達は取り扱い方が違ってくる．したがって，流体がどのような境界層を生じているかを区別することは，対流伝熱の機構を理解するうえで重要な問題である．

平板に沿って流体が流動する場合，層流境界層から乱流境界層にどこで移行するのだろうか．その決定に大きくかかわる無次元数がレイノルズ数（Reynolds number：記号 Re）である．レイノルズ数はつぎのように定義される．

平板の場合，その先端からの距離 x の場所におけるレイノルズ数は

$$Re = \frac{u_\infty x}{\nu} \tag{11.3}$$

で与えられる．ただし，

u_∞：主流速度 [m/s]，　　　x：前縁からの距離 [m]

$\nu = \mu/\rho$：動粘性係数 $[\mathrm{m^2/s}]$

μ：粘性係数 $[\mathrm{Pa \cdot s}]$，　　　ρ：流体密度 $[\mathrm{kg/m^3}]$

である.

　レイノルズ数は流体の流れの慣性力（$\propto (1/2)\rho u^2$）と粘性力（$\propto \mu u/x$）の比を表し，流速および先端からの距離に比例し，動粘性係数に反比例する無次元数である.

　実験結果によれば，平板に沿う流れが乱流になるのは，$Re = 3.2 \times 10^5$ 程度である. すなわち，平板の先端から $3.2 \times 10^5 \nu/u_\infty$ [m] の間は層流境界層が存在するのであるが，以後は遷移領域を経て，乱流境界層が続くのである.

　これは，遷移領域の後では，層流境界層内に含まれる小さな乱れが，平板表面の形状や，粗さなどで増幅されて流れが不安定となり，層流境界層が維持できなくなるからである. しかし，とくに流れが静かで，擾乱が起こらない場合には，$Re = 5 \times 10^5$ まで境界層内に層流が持続されることがある. 遷移の始まる位置のレイノルズ数を臨界レイノルズ数という.

　レイノルズ数は，上記の例以外にも一般に，粘性の影響する現象の解明に広く利用される. その際は，それぞれの現象の流れの形式を支配する代表長さを L，代表速度を u として，式 (11.4) で定義される.

$$Re = \frac{（代表速度）\times（代表長さ）}{\nu} = \frac{uL}{\nu} \tag{11.4}$$

●11.3.2　ヌセルト数

　レイノルズ数 Re が流体の流れの速度と粘性の大きさを用いて物体の流れの特性を指示する無次元数であるのに対して，ヌセルト数（Nusselt number：記号 Nu）は，流体と平板との間の熱伝達の強さを指示する無次元数である.

　温度 θ_w の平板表面から温度 θ_f の流体に伝達される熱量は

$$Q = h(\theta_w - \theta_f)A \tag{11.5}$$

である. この熱量が流体内部に伝導される界面においては，流体側の温度勾配が $-(\partial\theta/\partial y)_{y=0}$ であるから

$$Q = -\lambda \left(\frac{\partial\theta}{\partial y}\right)_{y=0} A \tag{11.6}$$

となり，式 (11.5) と式 (11.6) とを等しいとおくと，次式が得られる.

$$h(\theta_w - \theta_f)A = -\lambda \left(\frac{\partial\theta}{\partial y}\right)_{y=0} A$$

64 11章 対流熱伝達に関する基本事項

$$\therefore \quad \frac{h}{\lambda} = \frac{-\left(\frac{\partial \theta}{\partial y}\right)_{y=0}}{\theta_w - \theta_f}$$

ここで，伝熱面の形状が指定されているとき，系の代表寸法を L とすると，上式の両辺は式 (11.7) のように無次元化できる．

$$\frac{hL}{\lambda} = \frac{-\left(\frac{\partial \theta}{\partial y}\right)_{y=0}}{(\theta_w - \theta_f)/L} \tag{11.7}$$

左辺の無次元数をヌセルト数 Nu とおき，式 (11.8) のように定義する．

$$Nu = \frac{(熱伝達率) \times (代表長さ)}{\lambda} = \frac{hL}{\lambda} \tag{11.8}$$

式 (11.7) より，ヌセルト数は表面と直接接触する流体内の温度勾配 $-(\partial \theta/\partial y)_{y=0}$ と基準温度勾配 $(\theta_w - \theta_f)/L$ との比である．

あるいは，ヌセルト数は流動している流体で熱伝達により移動する熱量と，静止している同じ流体において代表寸法を熱伝導によって移動する熱量との比であるともいえる．

なお，一般にはヌセルト数はその物理的な意味をあまり考えず，単に熱伝達率 h の大小を示す無次元数として考えることが多い．

●11.3.3 プラントル数

レイノルズ数は流体の流れに関するもの，また，ヌセルト数は熱移動に関するものであるが，流れと熱移動の間の橋わたしの役をする無次元数がプラントル数（Prandtl number：記号 Pr）である．

プラントル数は流体の動粘性係数 ν と熱拡散率 a との比で表され，

$$Pr = \frac{\nu}{a}, \qquad a = \frac{\lambda}{c_p \rho}, \qquad \nu = \frac{\mu}{\rho} \tag{11.9}$$

$$\therefore \quad Pr = \frac{c_p \mu}{\lambda} \tag{11.10}$$

で定義される．

プラントル数は式 (11.10) のように物質の状態値だけで決まる物性値であって，諸物質について，図 **11.7** のような値を示す．プラントル数は油や有機物のように粘性が強くて熱伝導率の低いものでは大きく，水や空気では 1 に近い値である．また，水銀や液体ナトリウムのように粘性が低く，熱伝導率の大きいものでは，きわめて小さい値を示す．

11.3 無次元数の定義 | 65

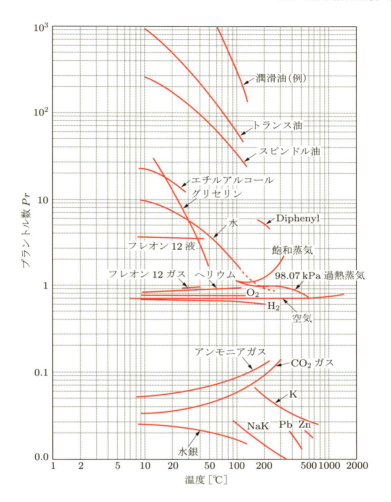

図 11.7 代表的な諸流体のプラントル数

　流体の流れが加熱されるときは，温度境界層は速度境界層と同時に発達し始めるが，これらの二つの境界層が発達する相対的な割合を，プラントル数によって区別することができる．

　もし $Pr = 1$ であれば，この二つの境界層は等しい割合で発達する．水銀のように $Pr < 1$ であれば，温度境界層が速度境界層よりも厚く発達する．逆に，油のように $Pr > 1$ であれば，粘性の影響が強く，速度境界層が非常に厚く発達し，温度分布は緩慢に発達して薄い．この関係を図 11.8 に示す．

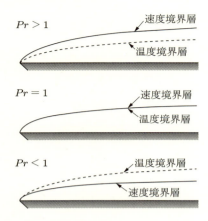

図 11.8 速度境界層と温度境界層の相対厚さについての Pr の影響

● **11.3.4 グラスホフ数**

グラスホフ数（Grashof number：記号 Gr）はつぎのように定義される無次元数である．

$$Gr = \frac{l^3 g \beta \Delta \theta}{\nu^2} \tag{11.11}$$

ここで，　l：代表寸法 [m]，　　　　g：重力の加速度 [m/s^2]
　　　　　β：体膨張係数 [1/°C]，　$\Delta \theta$：伝熱面と流体との温度差 [°C]
　　　　　ν：動粘性係数 [m^2/s]

レイノルズ数を用いて強制対流を特色づけることができたのに対して，グラスホフ数を用いて自然対流を解析することができる．自然対流熱伝達に関して多くの実験的研究が行われているが，この結果をまとめるのに，Nu の対数を，Gr と Pr との積の対数に対してとると一つの式にまとめることが可能となることが多い．したがって，Gr は Nu および Pr とともに，自然対流伝達の整理式において重要な無次元量である．

図 11.9～図 11.11 は，それぞれ代表的な流体のレイノルズ数，ヌセルト数およびグラスホフ数が計算できる計算図表である（日本機械学会編，伝熱工学資料参照）．

11.3 無次元数の定義

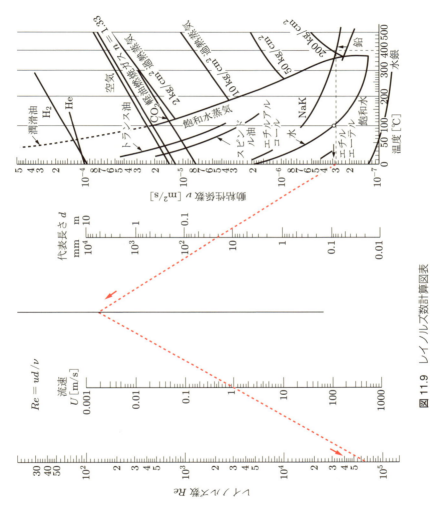

図11.9 レイノルズ数計算図表
〔計算例〕（破線）400°C の NaK が $d = 20\,\text{mm}$ の管内を $U = 1\,\text{m/s}$ で流れるときは，$Re = 7.2 \times 10^4$．

68　11章　対流熱伝達に関する基本事項

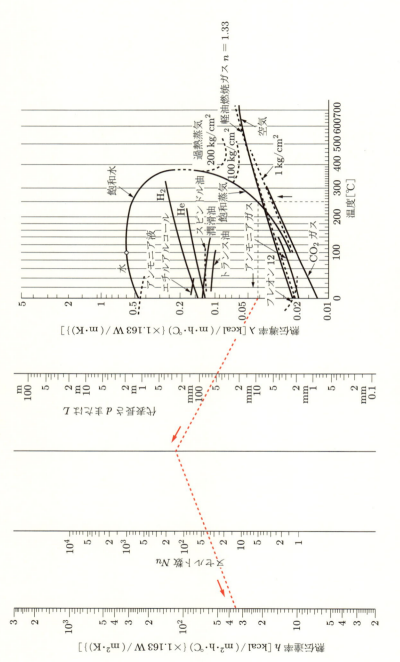

図11.10　ヌセルト数計算図表

11.3 無次元数の定義

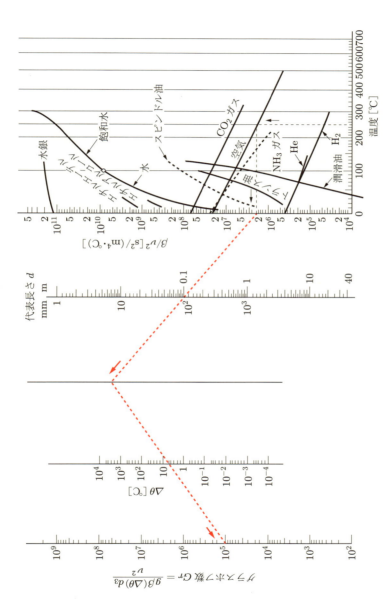

図11.11 グラスホフ数計算図表
(計算例（破線）) 平均温度 250 °C の空気が高さ 100 mm の壁面を 5 °C の温度差 $\Delta\theta$ で自然対流するときは，$Gr = 9.2 \times 10^4$．

長さ l の煙突内のガスの温度が $\theta - t$ だけ上昇したとすると，煙突出口の流体速度 u' は，摩擦がないものとして，ベルヌーイの定理より次式で表される．

$$u' = \sqrt{2lg\beta(\theta - t)} \text{ [m/s]}$$

式 (11.11) と上式により，次式が得られる．

$$Gr = \frac{1}{2}\frac{l^2 u'^2}{\nu^2} = \frac{1}{2}(Re')^2 \qquad (11.12)$$

ここで，$Re' = lu'/\nu$ である．ゆえに，グラスホフ数はレイノルズ数の一種であるともいえることを確かめよう．

演習問題

11.1 以下の文章のうち，正しいものを選択せよ．
  (a) 標準大気圧の下で水を 0 °C から 100 °C まで加熱すると，プラントル数は
   ① 1.76 からしだいに増加して 13.6 になる．
   ② 13.6 からしだいに減少して 1.76 になる．
  (b) 標準大気圧の下で空気を 0 °C から 800 °C まで加熱しても，プラントル数は
   ① ほとんど一定で約 0.7 である．
   ② ほとんど一定で約 23.7 である．

11.2 図 11.9〜図 11.11 を利用して，以下の値を読み取れ．
  (a) 100 °C の水が直径 50 mm の円管内を流速 0.1 m/s で流れるときのレイノルズ数
  (b) 200 °C の空気が熱伝達率 290 W/(m²·K) の平板上を 30 mm 流動するときのヌセルト数
  (c) 平均温度 300 °C の CO_2 ガスが，高さ 200 mm の壁面を自然対流するときのグラスホフ数は 1.1×10^5 である．このときの壁温

11.3 $Nu \propto (Gr \times Pr)^{0.25}$ の関係があるとき，h と λ との間にはどのような関係があるか．

11.4 無次元数を知っているだけあげよ．

11.5 常温付近でプラントル数の高い流体と低い流体の種類をあげ，その値を示せ．

12 強制対流熱伝達のメカニズムはどのように解析するか

　強制対流熱伝達は境界層を通じて行われるが，その境界層が層流であるか乱流であるかによって，熱伝達の性格に大きな差異が生じる．したがって，ここではまず，層流境界層について，その熱伝達の様相とメカニズムを基本的に示す．
　一般に，対流熱伝達の解析にはつぎの二つの方法を用いる．
① 境界層内の流れと伝熱についての基礎方程式の数学的解析
② 実験と組み合わされた次元解析
以下では，この二つの方法について，その簡単な場合を取り扱うことにする．

12.1 境界層方程式の数学的解析

　境界層内の流れを支配する方程式を導出してみよう．一様な速度 u_∞，温度 θ_∞ の流体を考え，流体の流れに平行に温度 θ_w の平板が置かれている場合を考える．
　図 12.1 のように，壁面に沿って流れの方向を x 軸，それに垂直な方向を y 軸にとる．任意の点 (x, y) における流速の x, y 方向の成分をそれぞれ u, v，流体の温度を θ とする．

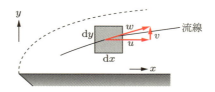

図 12.1　流体内の微小立体

　図のように，流れの場に固定された一辺がそれぞれ dx, dy, 1 である直方体の微小体積（elementary control volume）を考える．そうすると，境界層の内部ではつぎの微分方程式が成り立つ．

連続の式　　　$\dfrac{\partial u}{\partial x} + \dfrac{\partial v}{\partial y} = 0$ 　　　　　　　　　　　(12.1)

運動量の式　　$\rho u \dfrac{\partial u}{\partial x} + \rho v \dfrac{\partial u}{\partial y} = \mu \dfrac{\partial^2 u}{\partial y^2}$ 　　　　　　　(12.2)

エネルギーの式　　$u\dfrac{\partial \theta}{\partial x} + v\dfrac{\partial \theta}{\partial y} = a\dfrac{\partial^2 \theta}{\partial y^2}$ 　　　　　(12.3)

ここで，$a = \lambda/c_p\rho$，熱伝導率 $\lambda\,[\mathrm{W/(m\cdot K)}]$，定圧比熱 $c_p\,[\mathrm{J/(kg\cdot K)}]$，流体密度 $\rho\,[\mathrm{kg/m^3}]$，粘性係数 $\mu\,[\mathrm{Pa\cdot s}]$ である．

式 (12.1)，(12.2) は境界層内の速度分布，式 (12.3) は温度分布に関するものである．

以下では，順次これらの式を導入する．ただし，解析を簡単にするために，つぎのように仮定する．

① 流れは 2 次元で定常である．すなわち，x-y 平面に垂直な方向では速度分布はどこでも同一である．
② 流体は非圧縮性であり，圧力は流れの場を通して一定である．
③ 流体の物性値は一定である．

● **12.1.1　連続の式**

定常状態においては，微小時間 $\mathrm{d}t$ の間に微小立体 $\mathrm{d}x \times \mathrm{d}y \times 1$ に入ってくる流体の質量は，そこから出ていく流体の質量に等しく，微小立体は質量が増減しない．

図 **12.2** において，奥行が単位長さ 1 である微小立体の左の面（面積 $\mathrm{d}y \times 1$）を通って，時間 $\mathrm{d}t$ に入ってくる流体の質量は $\rho u \times \mathrm{d}y \times 1 \times \mathrm{d}t$ である．

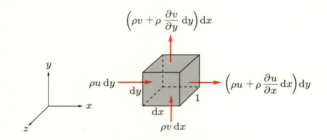

図 12.2　微小立体に出入りする流体の質量

また，右の面から出ていく流体の質量は $\{\rho u + \rho(\partial u/\partial x)\mathrm{d}x\}\mathrm{d}y \times 1 \times \mathrm{d}t$ である．

同様にして，上下の面（面積 $\mathrm{d}x \times 1$）を通って時間 $\mathrm{d}t$ に入ってくる流体の質量を考えて，この立体に時間 $\mathrm{d}t$ に入ってくる質量と出ていく質量とが等しいとおくと，

$$\rho u \mathrm{d}y + \rho v \mathrm{d}x = \left(\rho u + \rho \dfrac{\partial u}{\partial x}\mathrm{d}x\right)\mathrm{d}y + \left(\rho v + \rho \dfrac{\partial v}{\partial y}\mathrm{d}y\right)\mathrm{d}x$$

すなわち

$$\frac{\partial u}{\partial x} + \frac{\partial v}{\partial y} = 0$$

となる．

　これが式 (12.1) に示した連続の式で，一般には非圧縮性定常 2 次元流の連続の方程式として知られている．これは主流の流れの中でも，あるいは境界層内の流れでも成り立つはずである．

● **12.1.2　運動量の式**

　図 12.3 において，微小立体 $\mathrm{d}x \times \mathrm{d}y \times 1$ の各面を出入りしている流体は質量と一緒に運動量（質量×速度）を出入りさせている．すなわち，微小立体 $\mathrm{d}x \times \mathrm{d}y \times 1$ を通って流れる流体の運動量の時間的変化の割合は，単位時間にその立体に入ってくる流体の運動量と，出ていく流体の運動量の差として計算され，それが流体にはたらく圧力や慣性力，その他の力とつりあう．

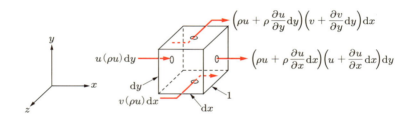

図 12.3　微小立体に出入りする運動量

　ところが，速度はベクトル量であるから，運動量の法則はどの方向に対しても適用されねばならない．境界層内では速度はほとんど壁に平行である．壁に垂直な速度成分 v は非常に小さいから，x 方向における力と運動量の変化を主として考えればよい．

　単位時間に左の面（面積 $\mathrm{d}y \times 1$）から微小立体に入ってくる流体の質量は $\rho u \mathrm{d}y$ であるから，単位時間に左の面から入ってくる x 方向の運動量は

$$u(\rho u \mathrm{d}y) = \rho u^2 \mathrm{d}y$$

である．

　下の面（面積 $\mathrm{d}x \times 1$）から微小立体に入ってくる流体の質量は $\rho v \mathrm{d}x$ で，これらの流体も x 方向の速度成分をもち，単位時間当たりの x 方向の運動量への寄与は

$$u(\rho v \mathrm{d}x) = \rho v u \mathrm{d}x$$

となる．

74 12章　強制対流熱伝達のメカニズムはどのように解析するか

また，右の面から単位時間に出ていく運動量はつぎのようになる．

$$\left(\rho u + \rho\frac{\partial u}{\partial x}\mathrm{d}x\right)\left(u + \frac{\partial u}{\partial x}\mathrm{d}x\right)\mathrm{d}y$$

この式を展開して $\mathrm{d}x^2\,\mathrm{d}y$ という高次の微小量を無視すると，つぎのようになる．

$$\left\{\rho u^2 + \rho u\frac{\partial u}{\partial x}\mathrm{d}x + \rho u\frac{\partial u}{\partial x}\mathrm{d}x\right\}\mathrm{d}y$$

同様に，上の面から出ていく運動量を考え，微小立体内の流体の単位時間当たりの運動量の正味を出ていくものと入ってくるものとの差として与えると

$$\left\{\rho u^2 + \rho u\frac{\partial u}{\partial x}\mathrm{d}x + \rho u\frac{\partial u}{\partial x}\mathrm{d}x\right\}\mathrm{d}y$$
$$+\left\{\rho v u + \rho v\frac{\partial u}{\partial y}\mathrm{d}y + \rho u\frac{\partial v}{\partial y}\mathrm{d}y\right\}\mathrm{d}x - (\rho u^2\mathrm{d}y + \rho vu\mathrm{d}x)$$

すなわち，つぎのようになる．

$$\left\{\rho u\frac{\partial u}{\partial x} + \rho v\frac{\partial u}{\partial y} + \rho u\left(\frac{\partial u}{\partial x} + \frac{\partial v}{\partial y}\right)\right\}\mathrm{d}x\,\mathrm{d}y$$

ところが，式 (12.1) より

$$\frac{\partial u}{\partial x} + \frac{\partial v}{\partial y} = 0$$

であるので，単位時間当たりの運動量の正味の増加はきわめて簡単となって，つぎのように表される．

$$\left(\rho u\frac{\partial u}{\partial x} + \rho v\frac{\partial u}{\partial y}\right)\mathrm{d}x\,\mathrm{d}y \tag{12.4}$$

この運動量の増加は，微小立体の面にはたらく力によって生じたものである．このような力としては，一般につぎの四つの力が考えられる．
① 重力のような体積力
② 圧力
③ 粘性によるせん断力および壁面摩擦力
④ 電磁力
ところが，流体が流動する場合においては，重力による力は通常無視してよい．また，平板に沿って流れる場合は静圧は一様と考えられ，さらに電磁力も無視できるので，粘性による力だけを考えればよいことになる．
粘性力は流体の層流境界層内での速度勾配があるために，分子干渉の結果生じるも

のである．これがせん断応力 ζ の増大を生じる．この ζ は流れの方向に直角な速度勾配に比例する．この比例定数が粘性係数 μ である．

図 12.4 のような平板に沿う速度境界層においては，速度の変化は壁に垂直な y 方向に起こるから，平板に平行な面におけるせん断応力はつぎのように表される．

$$\zeta_{yx} = \mu \frac{\mathrm{d}u}{\mathrm{d}y}$$

図 12.5 において，微小立体の下面（面積 $\mathrm{d}x \times 1$）にはたらくせん断力は

$$\zeta_{yx}\mathrm{d}x = \left(\mu \frac{\partial u}{\partial y}\right)\mathrm{d}x$$

であり，上面にはたらくせん断力は

$$\left\{\zeta_{yx} + \frac{\partial \zeta_{yx}}{\partial y}\mathrm{d}y\right\}\mathrm{d}x = \left\{\mu \frac{\partial u}{\partial y} + \frac{\partial}{\partial y}\left(\mu \frac{\partial u}{\partial y}\right)\mathrm{d}y\right\}\mathrm{d}x$$

である．

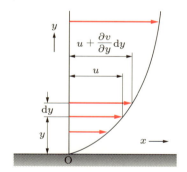
図 12.4　平板近くの速度分布

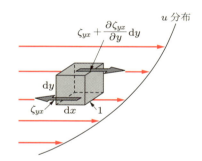
図 12.5　微小立体に作用するせん断応力

ところが，壁は静止しているから，微小立体の下面において流体にはたらくせん断力は流れと反対方向に作用するが，上面におけるせん断力は運動の方向に引っ張ろうとする流体によって引き起こされる．

したがって，正味のせん断力は，μ が一定として上下面の差となり，つぎのようになる．

$$\left\{\left(\zeta_{yx} + \frac{\partial \zeta_{yx}}{\partial y}\mathrm{d}y\right) - \zeta_{yx}\right\}\mathrm{d}x = \frac{\partial}{\partial y}\left(\mu \frac{\partial u}{\partial y}\right)\mathrm{d}x\,\mathrm{d}y = \mu \frac{\partial^2 u}{\partial y^2}\mathrm{d}x\,\mathrm{d}y \quad (12.5)$$

この場合，これが運動量の変化に等しいから，式 (12.4)，(12.5) とを等置して $\mathrm{d}x\,\mathrm{d}y$ で割れば，境界層の運動量の式が求まる．

$$\rho u \frac{\partial u}{\partial x} + \rho v \frac{\partial u}{\partial y} = \mu \frac{\partial^2 u}{\partial y^2} \tag{12.6}$$

式 (12.6) が，式 (12.2) に示した運動量の式である．
または，ρ で割ると式 (12.7) が求まる．

$$u \frac{\partial u}{\partial x} + v \frac{\partial u}{\partial y} = \nu \frac{\partial^2 u}{\partial y^2} \tag{12.7}$$

ここで，$\nu = \mu/\rho$ は動粘性係数である．

● 12.1.3 エネルギーの式

12.1.2 項と同様にして，境界層内に単位長さの深さをもつ微小立体を考える．図 12.6 において，この立体に出入りする熱と仕事のエネルギーはつりあっているはずである．

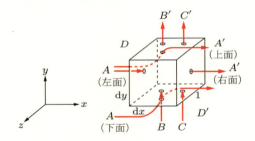

図 12.6 微小立体に出入りするエネルギー

そこで，つぎの各エネルギーを考える．

$A =$ 左面と下面からのエンタルピー h と運動エネルギーの和の流入量

$$= \rho u \left(h + \frac{u^2 + v^2}{2} \right) dy + \rho v \left(h + \frac{u^2 + v^2}{2} \right) dx$$

$A' =$ 右面と上面からの流出量

$$= \rho u \left(h + \frac{u^2 + v^2}{2} \right) dy + \frac{\partial}{\partial x} \left\{ \rho u \left(h + \frac{u^2 + v^2}{2} \right) dy \right\} dx$$
$$+ \rho v \left(h + \frac{u^2 + v^2}{2} \right) dx + \frac{\partial}{\partial y} \left\{ \rho v \left(h + \frac{u^2 + v^2}{2} \right) dx \right\} dy$$

$B =$ 下面からの熱伝導による流入熱量 $= -\lambda \dfrac{\partial \theta}{\partial y} dx \cdot 1$

$B' =$ 上面からの熱伝導による流出熱量

$$= \left\{ -\lambda \frac{\partial \theta}{\partial y} dx + \frac{\partial}{\partial y} \left(-\lambda \frac{\partial \theta}{\partial y} dx \right) dy \right\} \cdot 1$$

$C = $ 摩擦力により，微小立体下面を通じて，それより上方の
流体によるせん断力仕事によって内部に入る熱量

$$= u\mu \frac{\partial u}{\partial y} \mathrm{d}x$$

$C' = $ 摩擦力の結果として，微小立体の内部の流体が
外部に出す仕事量の相当熱量

$$= u\mu \frac{\partial u}{\partial y} \mathrm{d}x + \frac{\partial}{\partial y}\left(u\mu \frac{\partial u}{\partial y} \mathrm{d}y \right) \mathrm{d}y$$

このとき，微小立体に入る熱量と出る熱量の全部がつりあうとすると，つぎの等式が成り立つ．

$$A + B + C = A' + B' + C' \tag{12.8}$$

ただし，x 軸方向に沿っての熱伝導および左右面での摩擦による仕事は省略されている．その理由は，境界層内では y 軸方向に沿っての温度と速度の勾配だけが大きいから，$-\lambda(\partial\theta/\partial x)$ や $\mu(\partial u/\partial x)$ の値は $-\lambda(\partial\theta/\partial y)$ および $\mu(\partial u/\partial y)$ に比べて無視してよいからである．

そこで，この等式に上記のそれぞれの値を代入する．このとき，流体の比熱 c_p は一定として，$h + (u^2 + v^2)/2$ の代わりに $c_p\theta_s$ を代入する．ただし，θ_s は流体の全温度（stagnant temperature）もしくは岐点温度である．

また，低速では流体の運動エネルギーは無視されるから，$\theta_s \cong \theta$ である．よって，これらの関係全部を式(12.8)に代入して，高次微小量の項（微分項の3重積を含む項）を無視すると

$$\rho c_p u \frac{\partial\theta}{\partial x} + \rho c_p v \frac{\partial\theta}{\partial y} = \lambda \frac{\partial^2\theta}{\partial y^2} - \mu \frac{\partial}{\partial y}\left(u \frac{\partial u}{\partial y} \right) \tag{12.9}$$

となる．ここで，$\mu \dfrac{\partial}{\partial y}\left(u \dfrac{\partial u}{\partial y} \right)$ はせん断力が微小立体内の流体になす仕事の正味の割合を示すもので，低速ではこの摩擦仕事の項はその他の項に比べて小さく，無視できる．よって，低速では式(12.9)を ρc_p で割ると，つぎのように簡単になる．

$$u \frac{\partial\theta}{\partial x} + v \frac{\partial\theta}{\partial y} = a \frac{\partial^2\theta}{\partial y^2}$$

ここで，$a = \lambda/c_p\rho$ は熱拡散率である．これが式(12.3)に示した境界層におけるエネルギーの式である．

境界層の解は，式(12.1)～(12.3)を連立させ，適当な境界条件を入れて求めることができる．

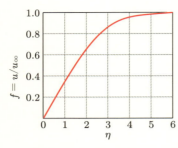
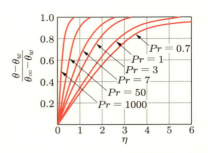

図 12.7 ブラジウスの解
$\left(\eta = \dfrac{y}{x}\sqrt{\dfrac{u_\infty \cdot x}{\nu}}\right)$

図 12.8 平板上の温度境界層内の温度分布

 とくに，広い一流体に平行に置かれた平板層流境界層の速度分布の解は図 12.7 のようになり，ブラジウス（Blasius）の解とよばれる．

 温度分布の解は，図 12.8 のように理論的に与えられる．これらの解は，無次元数 Re, Pr などをパラメータとして表示される．

12.2 実験と組み合わされた次元解析

 層流熱伝達に関して，境界層の数学的解を流体の運動量の式とエネルギー式とを連立させて解けば，熱伝達の様相がわかることを 12.1 節において略記した．

 しかし，これらの複雑な微分方程式を解く代わりに，熱伝達率に関する実験を直接行い，これによって得た実験データを無次元群で整理し，実験データの適用範囲を拡張する方法もある．実際に，対流熱伝達率の値は，次元解析を利用して得られた実験式を用いて計算できるのである．

● 12.2.1 基本単位と次元式

 一般に，各種の物理量は基本単位をもって測定される．基本単位として，質量 [M]，長さ [L]，時間 [S]，温度 [T] を定めておけば，すべての物理量はこれらの基本単位の組合せとして表される．この場合，その中に含まれる基本単位の指数を次元（dimension）といっている．

 物理量の次元式は，定数あるいは物理法則から導かれる．たとえば，仕事は $[ML^2/S^2]$ であるから，質量 M に関しては次元 1，長さ L に関しては次元 2，時間 S に関しては次元 -2 である．

 ところが一般に，物理系では M，L，S，T の四つの基本単位で物理量を表すことにしているが，工学系ではこのほかに力の単位 [F] と熱量の単位 [Q] とを独立の副次元

として追加して，六つの単位で表すことが多い.

たとえば，MLST 系で仕事は $[ML^2/S^2]$ と表されるが，MLSTFQ 系では $[FL]$ となり，簡単に表される. **表 12.1** は，これら二つの系を用いて各種の物理量を表したものをまとめた次元表である.

表 12.1　主な物理量の次元表

物理量	記号	SI 単位	MLST 系	MLSTFQ 系
長さ	L, l	m	L	L
時間	τ, t	s	S	S
質量	M	kg	M	M
力	F	$N (= kg \cdot m/s^2)$	ML/S^2	F
温度	θ, T	$K (^\circ C)$	T	T
熱量	Q	$J (= N \cdot m = kg \cdot m^2/s^2)$	ML^2/S^2	Q
速度	w	m/s	L/S	L/S
仕事	W	$J (= N \cdot m = kg \cdot m^2/s^2)$	ML^2/S^2	FL
圧力	p	$Pa (= N/m^2 = kg/(m \cdot s^2))$	M/S^2L	F/L^2
密度	ρ	kg/m^3	M/L^3	FS^2/L^4
内部比エネルギー 比エンタルピー	u, h	$J/kg (= N \cdot m/kg = m^2/s^2)$	L^2/S^2	Q/M
比熱	c, c_p	$J/(kg \cdot K)$	L^2/S^2T	Q/MT
粘性係数	μ	$Pa \cdot s (= N \cdot s/m^2)$	M/LS	FS/L^2
動粘性係数	$\nu \left(= \dfrac{\mu}{\rho}\right)$	m^2/s	L^2/S	L^2/S
熱伝導率	λ	$W/(m \cdot K) (= J/(s \cdot m \cdot K))$	ML/S^3T	Q/LTS
熱拡散率	$a \left(= \dfrac{\lambda}{c_p\rho}\right)$	m^2/s	L^2/S	L^2/S
体膨張係数	β	1/K	1/T	1/T
表面張力	σ	N/m	M/S^2	F/L
せん断力	ζ	N/m^2	M/LS^2	F/L^2
熱伝達率	h	$W/(m^2 \cdot K) (= J/(s \cdot m^2 \cdot K))$	M/S^3T	Q/SL^2T
流量	G	kg/s	M/S	M/S

● 12.2.2　バッキンガムの π-定理

先程はレイノルズ数 Re，ヌセルト数 Nu などの無次元数を説明したが，熱伝達に関する実験データを整理するとき，それらの無次元数を適当に用いると，合理的な整理式が求められる．このとき，最小限必要なたがいに独立である無次元数の数を決定するために，つぎに示す**バッキンガムの π-定理**（Buckingham π-theorem）がある．

ある物理現象の特性を説明するために必要な，たがいに独立な無次元数の数は，その現象に関係する物理量の全数 n から，n 個の物理量の次元式を表すのに必要な基本単位の数 m を差引いたものに等しい.

すなわち，これらの無次元数を $\pi_1, \pi_2, \pi_3, \cdots, \pi_{n-m}$ とすれば，現象を説明するための無次元数による特性方程式はつぎのようになる．

$$F(\pi_1, \pi_2, \pi_3, \cdots, \pi_{n-m}) = 0$$

たとえば，六つの物理量と四つの基本単位を含む問題においては

$$n - m = 6 - 4 = 2$$

であるので，つぎのようになる．

$$F(\pi_1, \pi_2) = 0 \quad \text{または} \quad \pi_1 = f(\pi_2)$$

この場合は，図 12.9 のような座標平面上で実験曲線を描くと，π_1 と π_2 との関数関係が整理される．

つぎに，$n - m = 3$ すなわち三つの無次元数で記述される現象に対しては，

$$F(\pi_1, \pi_2, \pi_3) = 0 \quad \text{または} \quad \pi_1 = f(\pi_2, \pi_3)$$

となり，この場合は，図 12.10 のように，π_3 をパラメータとして π_1 と π_2 との関係が整理される．

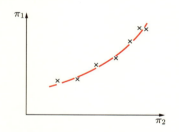

図 12.9　二つの無次元数での整記法

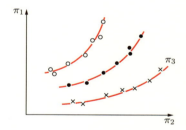

図 12.10　三つの無次元数での整記法

● 12.2.3　無次元数の決定

無次元数を決定する方法を，「加熱球を横切って流れる流体に対する熱伝達率のデータは，どのように整理するのがよいか」という問題を例にとって説明しよう．

この現象に関係のある物理量を実験データから取り出してみると，つぎの 7 個である．その次元をまとめると，表 12.2 のようになる．

この表より，物理量が七つ，次元式の基本単位が [L], [M], [S], [T] の四つある．したがって，バッキンガムの π-定理より，データを整理するには $n - m = 3$，すなわち三つの無次元数があればよいことがわかる．

12.2 実験と組み合わされた次元解析 | 81

表 12.2 次元

変数	記号	次元（MLST 系）	変数	記号	次元（MLST 系）
球の直径	D	L	流体の粘性係数	μ	M/LS
流体の熱伝導率	λ	$\text{ML/S}^3\text{T}$	定圧比熱	c_p	$\text{L}^2/\text{S}^2\text{T}$
流速	w	L/S	熱伝達率	h	$\text{M/S}^3\text{T}$
流体の密度	ρ	M/L^3			

この要求に該当する三つの無次元数とは，どのような形のものだろうか．この無次元数を見出すために，つぎのように π を求める．

$$
\pi = D^a \lambda^b w^c \rho^d \mu^e c_p{}^f h^g
$$
$$
= [\text{L}]^a [\text{ML/S}^3\text{T}]^b [\text{L/S}]^c [\text{M/L}^3]^d [\text{M/LS}]^e [\text{L}^2/\text{S}^2\text{T}]^f [\text{M/S}^3\text{T}]^g
$$
$$
= [\text{L}]^{a+b+c-3d-e+2f} \times [\text{M}]^{b+d+e+g} \times [\text{S}]^{-3b-c-e-2f-3g} \times [\text{T}]^{-b-f-g}
$$

ここで，π が無次元であるためには，それぞれの基本単位の指数はゼロでなければならない．よって，それぞれの指数をゼロとおいて，つぎの連立方程式が得られる．

$$
\begin{cases}
a + b + c - 3d - e + 2f & = 0 \\
b \quad\quad + d + e \quad\quad + g = 0 \\
-3b - c \quad\quad - e - 2f - 3g = 0 \\
- b \quad\quad\quad\quad - f - g = 0
\end{cases}
$$

さて，七つの未知数に対して方程式は四つだから，七つの未知数のうち三つだけは自由に独立して数値を決めてよい．このとき，どの変数ももれることなく，かつもっとも簡単な形の無次元数が三つできればよい．

そこで，熱伝達率 h が求める変数であるので，その指数 g を 1 とおくと便利である．つぎに，まったく独立して $c = d = 0$ とおく．

ゆえに，$g = 1$，$c = d = 0$ として上式を解くと $a = 1$，$b = -1$，$e = 0$，$f = 0$ となり，次式が得られる．

$$
\pi_1 = \frac{hD}{\lambda} \equiv Nu
$$

これは**ヌセルト数**である．

つぎに，π_2 に対しては，h が現れないように $g = 0$ を選び $a = 1$，$f = 0$ とする．このとき，上式を解くと $b = 0$，$c = 1$，$d = 1$，$e = -1$ となり，次式が得られる．

$$
\pi_2 = \frac{wD\rho}{\mu} = \frac{Dw}{\nu} \equiv Re
$$

これは**レイノルズ数**である．

また，$e = 1$，$c = g = 0$ とおくと，次式が得られる．

$$\pi_3 = \frac{c_p \mu}{\lambda} = \frac{\nu}{a} \equiv Pr$$

これは**プラントル数**である．

すなわち，加熱球を横切って流れる流体に対する熱伝達率のデータを整理するとき，7種類の変数をもつ関数関係となるが，これは次元解析の助けを借りることで，3種類の無次元数にて組み合わされることがわかる．

すなわち，つぎの関係式で表される．

$$Nu = f(Re, Pr)$$

これは実験データを整理するうえできわめて好都合である．図 12.11 は球の強制対流を無次元数 Re，Nu，Pr を用いてまとめた例である．このようにして，実験データはつぎに示す一つの整理式にまとめられることがわかる．

$Re = 10^{-3}\sim 1$ のとき：$Nu - 2 = 0.52 Re^{1/3} Pr^{1/3}$

$Re = 1 \sim 10^3$ のとき：$Nu - 2 = 0.57 Re^{1/2} Pr^{1/3}$

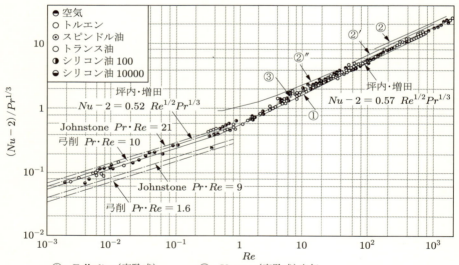

図 12.11 球の強制対流における Nu，Pr，Re の関係の実験値と実験式

演習問題

12.1 λ を $[\mathrm{W/(m \cdot K)}]$, ρ を $[\mathrm{kg/m^3}]$, g を $[\mathrm{m/s^2}]$, h を $[\mathrm{J/kg}]$, θ_1, θ_2 を $[°\mathrm{C}]$, μ を $[\mathrm{kg/(m \cdot s)}]$ で表すとき,

$$\left\{ \frac{\lambda^3 \rho^2 g^2 h}{4\mu(\theta_2 - \theta_1)x} \right\}^{1/4}$$

において, この次元が熱伝達率と同じ単位 $[\mathrm{W/(m^2 \cdot K)}]$ をもつためには, x の次元はどのようでなければならないか.

12.2 Through a series of test on pipe flow, H. Darcy derived an equation for the friction loss h_L in pipe flow as

$$h_L = f\rho \frac{L}{D} \frac{w^2}{2g}$$

in which f is a dimensionless coefficient which depends on

(1) the average velocity w of the pipe flow,

(2) the pipe diameter D,

(3) the fluid density ρ,

(4) the fluid viscosity μ,

(5) the average pipe wall unevenness L (length).

Using the Buckingham π-theorem, find a dimensionless function for the coefficient f.

13 対流熱伝達に関する実験式

13.1 対流熱伝達の各種実験式

各種の熱交換器や諸熱機器に実用される対流熱伝達に関する実験式は，各種の無次元数を用いて整理され，いろいろ発表されている．これを表 13.1 に示す．

表 13.1 対流熱伝達に関する実験式

流路	対流	境界層	研究者	実験式	備考
滑らかな水平平板上 	強制対流	層流	Pohl-hausen	$Nu = f(Pr)\,Re^{1/2}$ 局所熱伝達 $Nu_x = 0.564\,Pr^{1/2}Re_x^{1/2}$ $= 0.332\,Pr^{1/3}Re_x^{1/2}$ $= 0.339\,Pr^{1/3}Re_x^{1/2}$ 平均熱伝達 $Nu_L = 0.664\,Pr^{1/3}Re_L^{1/2}$	$Pr < 0.6$ $0.6 < Pr < 15$ $15 < Pr$ 平板の前縁から 長さ L まで
		乱流	Colburn	局所熱伝達 $Nu_x = 0.0296\,Re_x^{4/5}$ $= \dfrac{0.0296\,Re_x^{0.8}\,Pr}{1 + 2.11\,Re_x^{-0.1}\,(Pr-1)}$ 平均熱伝達 $Nu_L = 0.036\,Pr^{1/3}Re_L^{4/5}$	$Pr = 1$ $Pr \neq 1$
水平正方形平板上下 高温平板　低温平板 	自然対流	層流		A 側 $Nu = 0.54(GrPr)^{1/4}$	$10^5 < GrPr < 2 \times 10^7$
		乱流		$Nu = 0.14(GrPr)^{1/3}$	$2 \times 10^7 < GrPr < 3 \times 10^{10}$
		乱流		B 側 $Nu = 0.27(GrPr)^{1/4}$	$3 \times 10^5 < GrPr < 3 \times 10^{10}$
滑らかな垂直平板 	自然対流	層流	Ostrach	$Nu = f(Pr)\,Gr^{1/4}$	
		乱流	Jakob	$Nu = 0.129(GrPr)^{1/3}$	
円管内 	強制対流	層流		$\dfrac{L_E}{d} = 0.05\,Re_d$	$L_E =$ 発達した層流 　　区間の長さ $d =$ 管の直径
		乱流	Colburn	$Nu = 0.023\,Re^{4/5}Pr^{1/3}$	$10^4 < Re_d < 1.2 \times 10^5$ $0.7 < Pr < 120$

13.1 対流熱伝達の各種実験式 | **85**

表 13.1 （続き）

流路	対流	境界層	研究者	実験式	備考
円管外	強制対流	垂直流		$Nu = 1.11\,cRe^m Pr^{1/3}$ Re ... c ... m $4\times10^{-1} \sim 4\times1$ ... 0.891 ... 0.380 $4\times1 \quad\sim 4\times10$ ... 0.821 ... 0.385 $4\times10 \quad\sim 4\times10^3$ ... 0.615 ... 0.466 $4\times10^3 \sim 4\times10^4$ ... 0.174 ... 0.618 $4\times10^4 \sim 4\times10^5$ ... 0.0239 ... 0.805	
	自然対流			$Nu = 0.53(GrPr)^{1/4}$ $= 0.13(GrPr)^{1/3}$	$10^4 < GrPr < 10^9$ $10^9 < GrPr < 10^{12}$
管群	強制対流	垂直流		$Nu = 0.33\,c_H \Psi Re^{0.6} Pr^{0.3}$ $\dfrac{\text{ピッチ}}{\text{直径}} = 1.2 \sim 2.0$ $c_H = 0.9 \sim 1.1$ $\Psi = 1.0\,(10\,\text{列以上})$ $= 0.95\,(6\,\text{列})$ $= 0.9\,(4\,\text{列})$ $= 0.8\,(2\,\text{列でごばん目}$ $\qquad\text{配列})$ $= 0.75\,(2\,\text{列で千鳥配列})$	
球の外	強制対流			$Nu = 2 + 0.52\,Re^{1/3} Pr^{1/3}$ $= 2 + 0.57 Re^{1/2} Pr^{1/3}$	$10^{-3} < Re < 1$ $1 < Re < 10^3$

　一般に，強制対流は 11.3 節で述べた Nu, Re, Pr, Gr を主要無次元数として，式 (13.1) の形で表される．

$$Nu = f(Re, Pr) \tag{13.1}$$

とくに，c, m, n を定数として，式 (13.2) の形で表されることが多い．

$$Nu = cRe^m Pr^n \tag{13.2}$$

　自然対流は式 (13.3) で表される．

$$Nu = f(Gr, Pr) \tag{13.3}$$

これはまたとくに，式 (13.4) のように表されることが多い．

$$Nu = cGr^m Pr^n \tag{13.4}$$

　また，Nu, Pr, Re, Gr の値は，図 11.10，図 11.7，図 11.9，図 11.11 によって計算できる．

上記の多くの例のように，熱伝達の表示形式として，一般に

$$Nu = CRe^m Pr^n \tag{13.5}$$

の形が成り立てば，これに $Nu = hL/\lambda$, $Re = ud/\nu$, $Pr = \nu/a = c_p\mu/\lambda$ を代入すると，h と u, λ, L, μ, ρ, c_p などの関係は

$$h = \text{const} \times u^m \lambda^{1-n} \rho^m c_p{}^n L^{-(1-m)} \mu^{(m-n)} \tag{13.6}$$

の形で表される．これにより，熱伝達率 h に対するほかの因子の影響の度合いがわかることを確認しよう．

任意の形状物体において，ある与えられた流れの**熱伝達率を求める順序**は，つぎのようにするのが一般的である．これを練習しよう．

① その物体形状と流れの形式によって，その熱伝達にもっとも強く関係する代表長さ L と代表速度 u を選定する（たとえば，円管群に垂直流の場合は代表長さは管直径であるが，平行流の場合は流路の水力半径である．代表長さ L が表 13.1 に示されている場合は問題ないが，そうでないときは，その選定によく注意する必要がある）．

② 流体の平均温度を概算して，その温度に対する粘性係数 μ, 密度 ρ, 熱伝導率 λ, プラントル数 Pr などの物性値を求める．平均温度としては，壁温度と流体中心温度の算術平均をとることが多い．Pr に対しては，図 11.7 を利用するとよい．

③ 以上の L, u, ν から，レイノルズ数 Re を計算する．このとき，図 11.9 を利用するとよい．

④ Re の値から，流れが層流か乱流かを判定する．

⑤ ④の判定にもとづき，上記の表などから適当なヌセルト数の表示式を選ぶ．

$$Nu = f(Re, Pr)$$

⑥ ⑤の表示式に，先ほど求めた Re, Pr を入れて Nu を求める．

⑦ 求められた Nu の値から逆に，熱伝達率 h を

$$h = \frac{Nu\lambda}{L}$$

より求める．このとき，図 11.9 を利用するとよい．

図 13.1, 図 13.2 は自然対流熱伝達および強制対流熱伝達の代表的諸形式におけるヌセルト数の値をまとめたものである．これについて考察しよう．

13.1 対流熱伝達の各種実験式

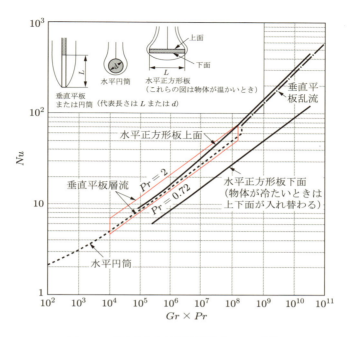

図 13.1　代表的な自然対流諸形式の Nu 曲線

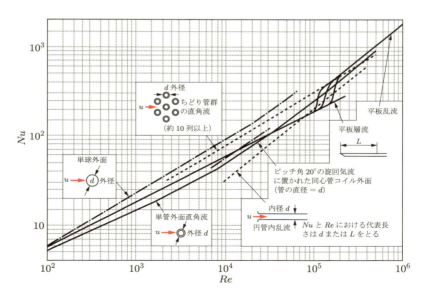

図 13.2　強制対流熱伝達の代表的諸形式におけるヌセルト数の値（空気）

88 | 13章　対流熱伝達に関する実験式

■ 演習問題 ■

13.1 $Nu = 0.023Re^{0.8}Pr^{0.33}$ とおける熱伝達がある．これから逆に，h を u, d, γ, c_p, μ, λ などで表示する式をつくれ．つぎに，それらが個々に 2 倍となったとき，h がもとの表式に対してどのように変わるかを示せ．その結果より，h を増大させるにはどの因子を変えるのがもっとも効果があるか考察せよ．

13.2 温度 100 °C の乾き空気が，大気圧のもとで 50 m/s で流れている．この中に，流れに平行に表面温度 40 °C，長さ 10 cm，幅 50 cm の水平平板を入れるとき，板の表面の熱伝達率と，この水平平板に入る熱量とをつぎの順序で計算せよ．ただし，大気圧のもとで 70 °C の乾き空気の物性値は $\nu = 20.02 \times 10^{-6}$ m²/s, $\lambda = 2.97 \times 10^{-2}$ W/(m·K), $Pr = 0.694$ である．

(a) 平板後端のレイノルズ数を計算し，それより平板上は層流であるか，乱流であるか判定せよ．ただし，このような場合，空気の物性値としては算術平均値を用いるものとする．

(b) 13 章で示した実験式の中から適当な式を選定して，ヌセルト数を計算せよ．

(c) ヌセルト数の値を用いて，熱伝達率 h を計算せよ．

(d) h を用いて，平板に入る熱量を計算せよ．

13.3 温度 20 °C の乾き空気が，大気圧のもとで 50 m/s の速さで一様に流れている．この中に，流れに平行に温度 100 °C の水平平板を入れるとき，以下の問いに答えよ．

(a) 前縁より測って境界層が層流である長さ x [m] を，式 (11.3) を用いて求めよ．

(b) 層流が終わる位置における速度境界層の厚さ δ は，次式を用いて計算できる．

$$\delta = \frac{5.48x}{\sqrt{Re_x}} \qquad ただし，Re_x = \frac{u_\infty x}{\nu}$$

$Re_x = $ 先端から距離 x だけ離れた場所におけるレイノルズ数

この式を用いて，速度境界層はどの程度の厚みをもつかを算出せよ．

(c) つぎに，次式を用いて，層流境界層の全域について，平均熱伝達率 h を求めよ．

$$h = 0.664\lambda Pr^{1/3}Re_x{}^{1/2} \times \frac{1}{x}$$

ただし，大気圧のもとで 60 °C の乾き空気の物性値は $\nu = 18.97 \times 10^{-6}$ m²/s, $\lambda = 2.90 \times 10^{-2}$ W/(m·K), $Pr = 0.696$ である．

14 沸騰の熱伝達はどのように行われるか

　水を沸騰させることや，またそれによって生じる蒸気を利用することは日常生活から工業面に至るまで非常に多く，沸騰熱伝達は人間の生活と産業とを結ぶ重要なファクターである．

　沸騰熱伝達の第一の特色は，その熱伝達率が高いことである．たとえば，単管ボイラの水管の中には水が送り込まれるが，水が沸騰する部分に至ると，熱伝達率が急に高まって水管温度がかえって水温に近づく．また原子炉は，制御棒を引き抜いて中性子束を強めるだけで発生熱量を簡単にいくらでも上昇させることができるという特長があるが，そのときの大量の熱を除去するには単相流では難しい面が多く，熱伝達率の高い沸騰現象が有効な熱除去手段として注目を浴びてきた．

　ところが，沸騰現象の第二の特色として，核沸騰にはバーンアウト熱負荷とよばれるような，限界となる最大熱流束が存在する．そのため，原子炉やボイラなどの安全性の見地から，この沸騰現象の上限界の解明もきわめて重要となってきた．

14.1　沸騰熱伝達の様相

　沸騰する液体の熱伝達は，どのような様相をもつのだろうか．
　まず，図 14.1 に示すような実験を標準大気圧のもとで行ってみる．すなわち，容器内に純水を入れ，その中に白金線（もしくはニッケル線やニクロム線）を張る．つぎに，容器内の純水を補助加熱器で温める．適当な強さの電流を白金線に通じて，白金

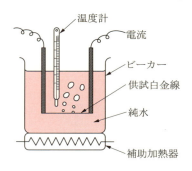

図 14.1　電熱白金線による沸騰実験

線を加熱して温度を上げる．この場合，直接白金線に電流を通じるからジュール熱が発生し，白金線自体が高温となり，伝熱面の役目を果たすとともに，白金線の抵抗を測定することで伝熱面の温度が計算できる．この過程は，図 14.2 のような変化をたどる．

図 14.2 は電熱線上のプール沸騰状況の変化を示したものである．

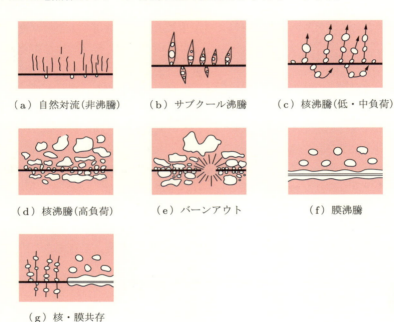

図 14.2 電熱線上のプール沸騰状況の変化のスケッチ

自然対流（図 14.2(a)）

水が冷たくて電流が弱いうちは，白金線のまわりでは白金線表面で加熱された水に密度差が生じ，その結果，水は自然対流（非沸騰：free convection）によって運動し，上昇していく．

サブクール沸騰（図 14.2(b)）

水温がまだ飽和温度より低いときは，白金線の電流を増すと白金線の表面数箇所から小さい気泡が発生し，その気泡は白金線表面を離れると急速に消滅する．

さらに電流を増すと，発生する気泡の数は増していくが，発生した気泡は水面に達しないうちに消滅する．

このように，液温が飽和温度に達していないときの沸騰をサブクール沸騰（subcooled boiling）という．その様子を，図 14.3(a) に示す．

(a) サブクール沸騰

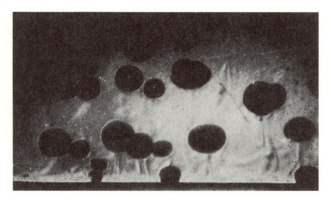
(b) 飽和沸騰

図14.3 核沸騰気泡のシュリーレン写真例

飽和沸騰（図 14.2(c)）

　水温がほぼ飽和温度に達してから，加熱電流を増加していくと，気泡は白金線の特定の場所から連続的に発生するようになる．また，白金線を離れた気泡は途中で消滅せず，容器内をはげしく撹乱して水面に達する．その様子を，図14.3(b)に示す．

　このように，液温が飽和温度に達したときの沸騰を**飽和沸騰**（saturation boiling）という．また，気泡は気泡発生点に生じた気泡核より成長するものであると考えて，このような沸騰を**核沸騰**（nucleate boiling）という．

　日常生活にみる沸騰はこの核沸騰であり，また，工業面でもこの核沸騰を利用している場合が多い．

　さて，この白金線にさらに電流を増加して加熱を続けると，核沸騰にどのよう

92 14章　沸騰の熱伝達はどのように行われるか

な変化が起こるのだろうか.

高熱流束核沸騰（図 14.2(d)）

さらに加熱電流を増加していくと，気泡発生点の数が増加するとともに，白金線を離れた気泡が合体し，合体気泡が発生する．この状態を**高熱流束核沸騰**という.

バーンアウト（図 14.2(e)）

さらに加熱電流を増すと，核沸騰の上限に達して急に白金線の一部が赤熱するとともに，その部分が広がって全体が赤熱されてしまう．このとき，白金線はあたかも水中で赤い炎に包まれているようにみえる．もし加熱線として鉄線や銅線を使用すると，高温に達して焼き切れる．この焼き切れることを**バーンアウト**（burn out）とよぶ.

一般に，核沸騰の熱流束の上限点を**バーンアウト点**（burn out point），そのときの熱流束を**バーンアウト熱流束**（burn out heat flux）という.

膜沸騰（図 14.2(f)）

加熱線が白金のときは，さらに加熱を続けると，バーンアウト点を通過しても焼き切れず，赤熱した白金線のまわりを蒸気膜が包み，これまでの気泡による撹乱が停止して蒸気膜が静かに脈動し，膜の一部から規則正しく気泡が発生するようになる．このように，加熱面が蒸気膜で覆われた沸騰の状態を**膜沸騰**（film boiling）とよぶ.

膜沸騰と核沸騰の共存（図 14.2(g)）

膜沸騰の状態からしだいに加熱電流を減じていく．ある熱流束に達すると，これまで持続していた膜沸騰の一部が核沸騰の状態となり，それから急速に全体が核沸騰になる．このように，膜沸騰には下限点があって，このときの熱流束を**膜沸騰の極小熱流束**とよぶ.

図 **14.4** は核沸騰の気泡のシュリーレン写真である．それらより，気泡の後には伴流とよばれる過熱された流体の柱が立ち上がることがよくわかる．これらの図より，沸騰熱伝達の熱伝達率が非沸騰の場合よりきわめて高くなることを考察しよう.

赤く焼けたストーブの鉄板上に水をこぼすと，水は水滴となって表面上を転がる．これはどのように説明すればよいか考えよう.

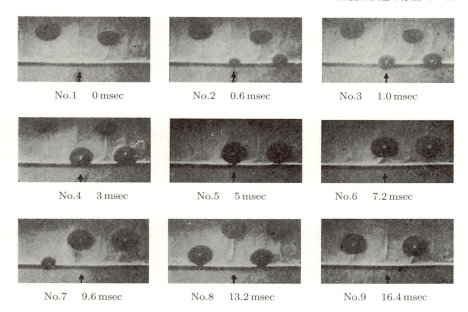

図 14.4 核沸騰の気泡発生の連続シュリーレン写真の例
(直径 0.3 mm のコンスタンタン線上の飽和核沸騰で,熱流束は約 $q = 150 \, \mathrm{kW/m^2}$. 左下 30° の方向への温度勾配が正の部分が明るくなる黒い矢印で示す一箇所の気泡発生点からの気泡および気泡離脱後の気泡の下の細長い伴流に注目されたい)

図 14.5 は水に関する飽和沸騰において,静止した純水の中に水平円柱を置き,その表面を伝熱面としたときの**沸騰特性曲線**の一例である.

縦軸に表面熱流束 q をとり,伝熱面の表面温度を T_w,水の飽和温度を T_s としたとき,横軸には表面過熱度 $\Delta T_{\mathrm{sat}} = T_w - T_s$ をとる. q と ΔT_{sat} との関係を両対数グラ

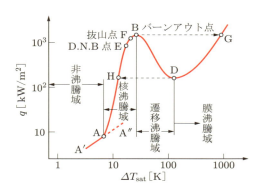

図 14.5 沸騰曲線の形状と諸領域 (大気圧の水のプール沸騰)

フで示すと，図のように N 字型の沸騰特性曲線（単に**沸騰曲線**ともよぶ）が求まる．

図において A′A は非沸騰域にあって，自然対流が行われている．q をしだいに増加させ，点 A に達すると，気泡発生が開始する．この点を**沸騰開始点**という．

点 A からバーンアウト点 B までが核沸騰領域にあり，この間は

$$q \propto \Delta T_{\mathrm{sat}}^{2.5 \sim 4.0} \tag{14.1}$$

の関係がある．点 B は極大熱流束点を表す．この点を過ぎると急に伝熱面は蒸気膜で覆われ，赤熱される．したがって，T_w の温度が急上昇し，T_w と T_s の差，すなわち ΔT_{sat} の値が急激に増大する．そして，点 B の位置から点線に沿って右に移動し，点 G の位置に飛び移る．点 G は膜沸騰域にあり，核沸騰の現象が一転して膜沸騰に移行する．

このとき，多くの場合，T_w の温度は金属の融点以上になるので，点 B 以上に熱負荷を増加しようとすれば，伝熱面は焼損する．

逆に，点 G からしだいに q の値を下げていくと，曲線に沿って点 G から点 D に達する．ところが，点 D を過ぎると現象は膜沸騰から急に核沸騰に変化し，図の破線に沿って，AB 上の点 H に移行する．点 D が極小熱流束点である．

さて，BD 間は ΔT_{sat} の上昇につれて，逆に熱流束 q が減少するという特性を示す領域で，この間の現象はきわめて不安定である．この領域の沸騰を**遷移沸騰**（transition boiling）という．

一般に，伝熱面が静止した液体と接触しているときの沸騰を，**プール沸騰**（pool boiling）という．これに反して，伝熱面が強制的に流動している流体と接触しているときの沸騰を，**強制対流沸騰**（forced convection boiling）という．

ポンプによって管内の流体を流動させる場合の沸騰では，液体より発生した蒸気泡が流体中に混在して流れる場合が多く，このときの沸騰を**二相流沸騰**という．このとき，気泡の体積含有率を**ボイド率**（void ratio）とよび，また，蒸気重量比を**乾き度**（degree of dryness）または**蒸気質**（steam quality）という．

二相流は流れの形式によって，**図 14.6** のように 4 種の区別がある．

(a) **気泡流**：単独の小気泡が多数流体の中に入ったもの

(b) **スラグ流**：大きな気泡の塊が生じて，流路全体をふさぎながら断続的に流れるもので，栓状流ともいう

(c) **環状流**：液体部分が周辺の壁に押しつけられ，中央を気相が通過するもの

(d) **噴霧流**：気相が主として流れる中に，液滴となった液相が噴霧状に流れるもの

14.2 沸騰熱伝達の問題点

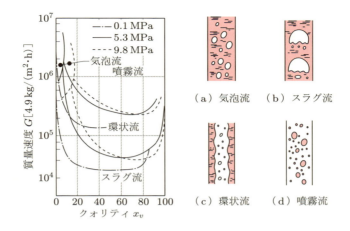

図 14.6　二相流の形状と領域図

14.2 沸騰熱伝達の問題点

沸騰する水の熱伝達を実用として利用する場合には，主としてつぎの事柄が問題点としてあげられる．
- 主として核沸騰熱伝達の領域における沸騰曲線の形
- 核沸騰熱伝達における熱伝達率に関する整理式
- 最大熱流束を制限するバーンアウト熱流束の予測

これらについては種々の研究がなされていて，多くのデータが集積されているが，まだ不明な点も残っている．以下では，すでにわかっていることの概要を述べる．

14.2.1 沸騰曲線の形とそれに影響する因子

沸騰熱伝達には多くの因子が影響している．たとえば，図 14.7 のように流速，サブクール温度差，圧力，伝熱面表面粗さ，蒸気含有率，重力加速度などの影響を受ける．そして，図に示された因子がそれぞれ増加すると，矢印の方向に沸騰曲線は移動する．

14.2.2 核沸騰熱伝達における熱伝達率

水の核沸騰熱伝達に関する熱伝達率 h について，現在各種の整理式が発表されている．これらを簡単化すると，つぎの形にまとめられる．

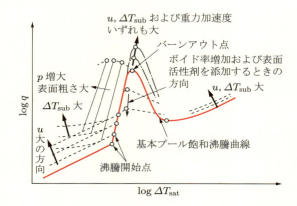

図 14.7 流速 u, サブクール温度差 ΔT_{sub}, 圧力 p, ボイド率, 表面活性剤, 重力加速度などの因子の影響で沸騰曲線が変化するときの主な一般的傾向

h：熱伝達率 [W/(m²·K)], p：圧力 [MPa], q：熱負荷 [W/m²]

まず，熱伝達率 h の形としては，n_p, n_q を定数として

$$h = c_1 p^{n_p} q^{n_q} \tag{14.2}$$

ついで，$q \sim \Delta T_{sat}$ の形としては，式 (14.2) より

$$q = h\Delta T_{sat} = (c_1 p^{n_p}) q^{n_q} \Delta T_{sat}$$

であるので，式 (14.3) とおける．

$$\begin{aligned} q &= (c_1 p^{n_p})^{\frac{1}{1-n_q}} \Delta T_{sat}^{\frac{1}{1-n_q}} \\ &= c_2 p^{m_p} \Delta T_{sat}{}^{m_t} \end{aligned} \tag{14.3}$$

ここで，$m_p = n_p/(1-n_q)$, $m_t = 1/(1-n_q)$, $c_2 = c_1{}^{1/(1-n_q)}$ である．

表 14.1 に，定数 c_1, c_2, n_p, n_q, m_p, m_t を示し，また表 14.2 には，水における h の値の諸例を示す．

表 14.1 c_1, c_2, … などの定数

発表者	c_1	n_p	n_q	c_2	m_p	m_t
Fritz	3.39	0.24	0.72	78	0.86	3.6
Michejew	4.45	0.15	0.7	145	0.50	3.3
Nishikawa	8.41	0.4	0.67	634	1.21	3.0
Müller	3.68	0.23	0.7	77	0.77	3.3

表 14.2 水における h の諸例

状態	p [MPa]	沸騰状態	h [W/(m²·K)]	q [W/m²]
常圧	0.1	核沸騰	9.3×10^3	1.3×10^5
常圧	0.1	バーンアウト点付近	5.8×10^4	1.2×10^6
高圧	7	核沸騰	2.3×10^4	1.3×10^5
高圧	7	バーンアウト点付近	4.7×10^4	4.7×10^6

核沸騰状態での q は，表 14.1 の数値を使って計算した結果の平均値を示している．

● 14.2.3 バーンアウト熱流束の値

バーンアウト熱流束の値を q_{BO} [W/m²] とする．q_{BO} の表示式には多数あるが，もっとも簡単なものは Rohsenow–Griffith の式 (14.4) である．

c_2：定数 0.0121 m/s，　m：定数 0.6，　L^*：蒸発潜熱 [kJ/kg]
ρ_l：液相の密度 [kg/m³]，　ρ_v：蒸気の密度 [kg/m³]

$$q_{\mathrm{BO}} = c_2 L^* \rho_v \left(\frac{\rho_l - \rho_v}{\rho_v} \right)^m \tag{14.4}$$

水における単純な沸騰の q_{BO} の値の例を，圧力の関数として**表 14.2** に示す．

水においては圧力が 7.8 MPa の前後でもっとも q_{BO} が高い．**図 14.7** のように，q_{BO} の値は流速 u およびサブクール温度差 $\Delta T_{\mathrm{sub}} = T_w - T_l$ を増やせば一般に増大し，流れの中の蒸気含有率（ボイド率でもよい）を増やしたり，表面張力を減らしたりすると減少する．表面粗さにはあまり影響されない．

また，二相流においては，前記の二相流の形状によって強く影響を受けて，伝熱面上の液層部分が薄いほど，また流れが不安定であるほど，q_{BO} が低くなる．

演習問題

14.1 厚さ約 4 cm，直径約 20 cm 程度の鋼製円板をあらかじめ約 1000 °C に赤熱しておいて，上方から約 20 °C の冷水を垂らして冷却する．このとき，冷却完了までに生じる沸騰現象について予測せよ．

14.2 図 14.8 のように，直径 10 mm の銅の丸棒の上面だけを飽和水の中に露出させて沸騰伝熱面とする実験装置がある．いま，上面から 2 mm，7 mm の位置に熱電対 A，B を置いて，下方から加熱するときの A，B の温度 T_{A}，T_{B} を測定する．

標準大気圧下の実験において，過熱度を変化させたときの T_{A}，T_{B} の測定値が**表 14.3** のようになった．この表から，熱流束 q と壁面過熱度 $\Delta T_{\mathrm{sat}} = T_w - T_s$ の関係を求めよ（沸騰曲線）．ただし，銅の熱伝導率は 0.384 kW/(m·K) とし，銅棒の同一断面では温度が一様であり，かつ T_{B}，T_{A}，T_w は長手方向に一直線上に並ぶものとする．

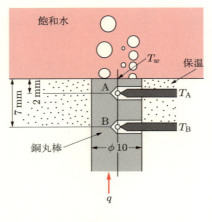

図 14.8
表 14.3

実験番号	T_A [°C]	T_B [°C]	実験番号	T_A [°C]	T_B [°C]
①	105.06	105.21	⑦	132.20	145.10
②	110.18	110.63	⑧	134.80	146.80
③	114.20	115.25	⑨	143.00	150.50
④	116.20	119.20	⑩	161.80	166.30
⑤	121.00	128.50	⑪	201.08	203.78
⑥	126.00	141.00	⑫	301.20	304.20

14.3 170 °C 以上の温度となると焦げてしまう紙がある．その紙の熱伝導率は 0.233 W/(m·K) である．この紙で箱をつくって，大気圧下でその箱の中に水を入れ，外側の下方より 1200 °C のガス火炎で加熱して沸騰させたい．このガスの熱伝達率が 0.116 kW/(m²·K) であるとして，紙の表面が焦げないためには，紙の厚さは何 mm 以下である必要があるかを計算せよ．ただし，沸騰曲線は図 14.5 を使用し，概算でよい．

14.4 6.86 MPa の水において，表面過熱度が $\Delta T_{sat} = 8$ °C であるときの核沸騰熱流束 q を，Nishikawa の簡易式 (14.3) および表 14.1 を用いて求めよ．

14.5 バーンアウト熱負荷に関する Rohsenow–Griffith の式 (14.4) によって，水の 0.1，1，8，12 MPa における q_{BO} を求めよ．

14.6 高温ガスタービン翼を冷却するため，翼を中空にして，中に水やナトリウムなどの液体を入れて沸騰させて冷却したい．この冷却方式の長所と短所を考察せよ．

15 凝縮を伴う熱伝達はどのように行われるか

15.1 凝縮を伴う熱伝達について

　沸騰現象では，液相への伝熱によって液相から気相へ変化が行われるのに対し，凝縮現象では，気相より吸熱することによって液相が生じる．
　このような凝縮現象は，冷えたガラス窓に水滴が付着することや，お椀のふたに水滴がたまることなどで知られているだけでなく，蒸気タービンのコンデンサや冷凍機の凝縮器などで，工業的にもおおいに利用されている．
　図 15.1 のように，タービンのコンデンサは蒸気を密閉した容器内へ導き，その中の冷却管を海水，河水，空気などで冷却して，蒸気を凝縮させて再び水とするもので，通常は，復水器ともよばれる．復水器内の圧力は，冷却水の温度に対応する飽和圧力に近い真空となる．

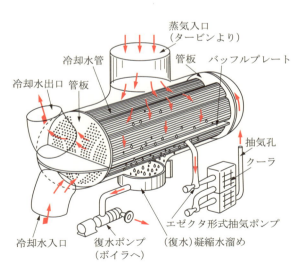

図 15.1　コンデンサ（表面復水器）

15.2 膜状凝縮と滴状凝縮

固体表面に凝縮して生じた液相の形状が，図 15.2(a) のように薄い膜状であるとき，**膜状凝縮**（filmwise condensation）といい，図 (b) のように滴状であるとき，**滴状凝縮**（dropwise condensation）という．いずれの場合も，液は重力の作用で下方へ流れる．

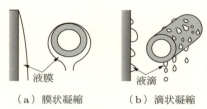

図 15.2　凝縮の様相

凝縮状態が膜状となるか滴状となるかは，固体表面の材質，汚染度，有機物（油）の存在および蒸気の清浄度によって異なり，清浄な蒸気が，清浄で新しい固体面に凝縮するときは，通常は膜状凝縮となる．しかし，固体表面が汚れていたり，または油が塗布されているときなどは，容易に滴状凝縮となる．後でも述べるが，膜状凝縮よりも，水滴と水滴の間に固体表面の露出部が生じる滴状凝縮のほうが熱伝達率が高い．

15.3 凝縮熱伝達係数を支配するもの

図 15.3(a) のように，固体壁に飽和蒸気が凝縮する場合を考える．固体壁の表面温度が T_w に保たれていて，その表面に厚さ δ の水膜がある．その水膜の外側の温度を T_w' とし，蒸気の飽和温度を T_s とする．

水膜の表面に水が直接凝縮するときの熱伝達率を h_c，水膜の熱伝導率を λ とする

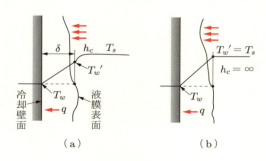

図 15.3　水膜のある凝縮

と，全体の熱伝達率（もしくは熱通過率）k は

$$q = k(T_s - T_w) \tag{15.1}$$

$$\frac{1}{k} = \frac{1}{h_c} + \frac{\delta}{\lambda} \tag{15.2}$$

で表される．

実際は，一般に h_c の値はきわめて高く，特別な場合を除いて，$1/h_c$ は δ/λ に比べて無視してよいので

$$k \fallingdotseq \frac{\lambda}{\delta} \tag{15.3}$$

$$q = \frac{\lambda}{\delta}(T_s - T_w) \tag{15.4}$$

で表され，熱伝達率は水膜の厚さで決まり，水膜が薄いほど高くなる．またこのときは，水膜の表面温度は図 (b) のように，T_s に等しいとおいてよいことになる．

15.4 膜状凝縮の熱伝達率

図 15.4 のように，角度 θ で傾斜した固体壁の表面に凝縮した水が膜状に発生して下方に流れ，膜状凝縮が形成されたときの水膜の厚さは，液の粘性，熱伝導率，凝縮量（蒸発潜熱と温度差），液の密度などによって影響を受けることは明らかである．

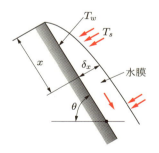

図 15.4　膜状凝縮の膜厚

このとき，上からの距離 x の水膜の厚さ δ_x は，層流の場合はヌセルトによって計算されている．それによると，$\rho_l \gg \rho_v$ かつ $\Delta T_{\mathrm{sat}} = T_s - T_w$ としたとき，式 (15.5) となる．

$$\delta_x = \left(\frac{4\mu_l \lambda_l \Delta T_{\mathrm{sat}} x}{g \sin\theta\, \rho_l{}^2 L^*}\right)^{1/4} \tag{15.5}$$

式 (15.5) と式 (15.3) とから，膜状凝縮の局所熱伝達率 h_x は

$$h_x = \frac{\lambda_l}{\delta_x} = \left(\frac{g\sin\theta\,\rho_l^2 L^* \lambda_l^3}{4\mu_l \Delta T_{\text{sat}} x}\right)^{1/4} = 0.707\left(\frac{g\sin\theta\,\rho_l^2 L^* \lambda_l^3}{\mu_l \Delta T_{\text{sat}} x}\right)^{1/4} \quad (15.6)$$

となる．また，長さ H の平均熱伝達率 h_H は，式 (15.7) で計算できる．

$$h_H = \frac{1}{H}\int_0^H h_x \mathrm{d}x = \frac{4}{3}\left(\frac{g\sin\theta\,\rho_l^2 L^* \lambda_l^3}{4\mu_l \Delta T_{\text{sat}} H}\right)^{1/4} = \frac{4}{3}(h_x)_{x=H} \quad (15.7)$$

膜状凝縮の熱伝達率の実測値は，式 (15.6) によるよりも，さらに 20 % ほど高く見積るのがよいとされ，その値は水蒸気で温度差 10〜20 °C で約 12〜20 kW/(m²·K)，温度差 1 °C 内外で約 23 kW/(m²·K) であって，多くの種類の熱伝達率の中ではもっとも高い．また式 (15.6) は管にも適用できる（$H =$ 直径とする）．

実際の膜状凝縮は表面が波うちを生じたり，滴状凝縮に近づき，水膜の薄い部分が多く生じるので，かえって式 (15.6) よりも熱伝達率が高い．また，流れが乱流となるとさらに h は大きくなる．

15.5 滴状凝縮の熱伝達率

滴状凝縮を生じる際は，発生した水膜がすぐ合体して落下し，その後方に新鮮な固体面を生じるチャンスが多くなるので，熱伝達率が膜状凝縮より高くなり，数倍から 10 数倍に達する．

水の滴状凝縮における熱伝達率の値は，温度差 5 °C 内外で約 0.1 MW/(m²·K)，1 °C 内外で 0.2〜0.3 MW/(m²·K) に達する．

滴状凝縮は固体表面に油脂や表面活性剤などが存在するときによく生じるが，しだいに洗い流されるので，長い間の安定した滴状凝縮の形成は難しい．実用上，コンデンサなどの設計には，安全をとって膜状凝縮の式 (15.6) を使用する．

タービンのコンデンサにおいて，蒸気の中に空気などのガスが混入すると凝縮熱伝達率が低下する．これは，図 15.3(a) の水膜の表面における直接凝縮に対して，混入ガスの分子が抵抗となり，直接凝縮熱伝達率 h_c が低下するので，h_c を無限大と考えることはできなくなり，式 (15.2) より全体の k が低下することとなるためであることを確認しよう．

実際のコンデンサでは，混入ガスを抜くための抽気ポンプが設けてあって，それを常に運転することによって，混入ガス濃度の増加と熱伝達率の低下を防いでいる（図 15.1 参照）．

演習問題

15.1 燃焼ガスによるボイラでは，凝縮熱伝達率に劣らず沸騰熱伝達率も高いにもかかわらず，水で冷却される同じプラントのタービンコンデンサよりも装置の大きさがかなり大きくなるのはなぜか．その理由を説明せよ．

15.2 直径 $D = 20\,\mathrm{mm}$ の水平金属管の表面に水の膜状凝縮が生じている．圧力 $p = 2354\,\mathrm{Pa_{abs.}}$，飽和温度 $20\,^\circ\mathrm{C}$ とし，$L^* = 2453 \times 10^3\,\mathrm{J/kg}$，$\lambda_l = 0.594\,\mathrm{W/(m \cdot K)}$，$\mu_l = 1.009 \times 10^{-3}\,\mathrm{Pa \cdot s}$，$\rho_l = 998\,\mathrm{kg/m^3}$，$D = H$（式 (15.7)）としたとき，この管の平均凝縮熱伝達率を求めよ（$\sin\theta = 1$ としてよい）．ただし，$\Delta T_\mathrm{sat} = 10\,^\circ\mathrm{C}$ とする．

15.3 演習問題 15.2 の凝縮熱伝達率の計算値を利用し，同じ条件の金属管の内部を平均熱伝達率 $4.65\,\mathrm{kW/(m^2 \cdot K)}$ の水流が流れていて，管の材質の熱伝導率 $\lambda = 0.698\,\mathrm{kW/(m \cdot K)}$，管の肉厚 $1.2\,\mathrm{mm}$ とし，水流と蒸気の平均温度差が $8\,^\circ\mathrm{C}$ であるとしたときの全体の熱通過率 k を求めよ．ただし，管は薄肉と仮定して，内外表面積の差は考慮しなくてよい．

16 放射伝熱はどのように行われるか

16.1 放射伝熱の概念

　高温物体のもつ熱エネルギーのうち，一部は放射エネルギーになり，高温物体から低温物体に空間を通して熱エネルギーを直接移動させる．この放射エネルギーを伝播するのは電磁波であって，電磁波は低温物体に吸収されると熱エネルギーに変わる性質をもっている．このような伝熱形式を**放射**（radiation）または**熱放射**（thermal radiation），**ふく射**という．

　工学上において熱放射を利用する機器には，高温の反射れんが壁をもつ反射炉，赤外線ランプによる乾燥装置，ボイラのふく射伝熱面，銅板などの反射面をもつ電熱器，太陽熱温水器，人工衛星のコンデンサなどがあることはよく知られている．

　本章では，これらの機器での放射熱伝達は原理的にどのような法則によって行われているかについて述べる．

　すべての物質は放射の性質をもっており，絶えず放射エネルギーを放射している．物体に放射された放射エネルギーは，その一部は吸収され，一部は反射もしくはいったん表面に吸収された後に再放射される．また，ごく一部は物体を透過する．物体に吸収された入射エネルギーは熱エネルギーになる．

　いま，図 16.1 のように，物体に放射された全入射エネルギー Q のうち，吸収された部分を Q_A，反射もしくは再放射された部分を Q_R，透過する部分を Q_D とすれば

$$Q = Q_A + Q_R + Q_D$$

となる．両辺を Q で割ると，つぎのようになる．

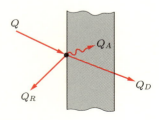

図 16.1　入射エネルギーの分解

$$\frac{Q_A}{Q} + \frac{Q_R}{Q} + \frac{Q_D}{Q} = 1$$

ここで，Q_A/Q を物体の全吸収率 a^*（absorptivity），Q_R/Q を全反射率 $\varepsilon_r{}^*$（reflectivity），Q_D/Q を透過率 $\varepsilon_p{}^*$（transmissivity）と表すと，

$$a^* + \varepsilon_r{}^* + \varepsilon_p{}^* = 1 \tag{16.1}$$

となる．ここで，a^*，$\varepsilon_r{}^*$，$\varepsilon_p{}^*$ は無次元であって，0 から 1 まで変化する．したがって，$a^* = 1$ の場合は $\varepsilon_r{}^* = 0$，$\varepsilon_p{}^* = 0$ となり，入射エネルギーはすべて物体に吸収される．このような物体を完全黒体という．

$\varepsilon_r{}^* = 1$ の場合は $a^* = 0$，$\varepsilon_p{}^* = 0$ となり，入射エネルギーはすべて反射される．このとき，一般には乱反射が起こる．このような物体を完全白体という．

$\varepsilon_p{}^* = 1$ の場合は $a^* = 0$，$\varepsilon_r{}^* = 0$ となり，入射エネルギーはすべて物体を透過する．このような物体を完全透明体という．

16.2　熱放射の基本法則

●16.2.1　プランクの法則

物体の表面の単位面積から単位時間に放射される放射エネルギー量を，放射能（emissive power：記号 E，単位 $[\mathrm{W/m^2}]$）とよぶ．

一般に，放射能はその物体の温度とその温度に対する電磁波の波長とに関係するから，つぎの関係式が成り立つ．

$$E_\lambda = f(\lambda, T)$$

ここで，E_λ の値は λ から $\lambda + \mathrm{d}\lambda$ までの波長に対する放射能 $\mathrm{d}E$ を波長の差 $\mathrm{d}\lambda$ で割った値であるから，式 (16.2) のように表される．

$$E_\lambda = \frac{\mathrm{d}E}{\mathrm{d}\lambda} \ [\mathrm{W/(m^2 \cdot \mu m)}] \tag{16.2}$$

このとき，E_λ の値を単色放射能という．

プランクは，黒体の単色放射能の強さを波長の関数として表した．このプランクの法則（Planck's law）は，式 (16.3) で表される．

$$E_{b\lambda} = \frac{c_1 \lambda^{-5}}{e^{c_2/\lambda T} - 1} \ [\mathrm{W/(m^2 \cdot \mu m)}] \tag{16.3}$$

ただし，$E_{b\lambda}$：黒体の単色放射能 $[\mathrm{W/(m^2 \cdot \mu m)}]$

λ：波長 [μm]

T：物体表面の絶対温度 [K]

$c_1 = 3.7413 \times 10^8 \, \text{W} \cdot (\text{μm})^4 / \text{m}^2$

$c_2 = 1.4388 \times 10^4 \, \text{μm} \cdot \text{K}$

図 16.2 はプランクの法則をグラフで表したもので，$\lambda = 0$ で放射エネルギーはゼロである．λ の増加とともに $E_{b\lambda}$ は増加し，ある値 λ_m のとき最大となり，ついで減少して $\lambda = \infty$ で再びゼロとなる．最大値を与える λ の値は，温度の上昇とともに小さくなる．これは，物体が低温から高温となるに従って，赤色から黄色，ついで白色にみえることに対応する．この法則を**ウィーンの変位則**（Wien's displacement law for thermal radiation）という．

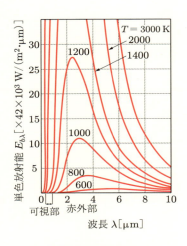

図 16.2 黒体の単色放射能

ある一定の温度の下において，すべての物体の全放射能の最大限度は，完全黒体の放射能である．したがって，ある物体のある温度における放射能 E_λ を表すのに，それと同じ温度の完全黒体の放射能 $E_{b\lambda}$ に対する割合，すなわち

$$\varepsilon = \frac{E_\lambda}{E_{b\lambda}} \tag{16.4}$$

を用いると便利なことが多い．この ε を**放射率**（emissivity）という．

ここで，図 16.3 のように，すべての波長に対して $E_\lambda / E_{b\lambda} = \varepsilon = $ 一定であるような物体を**灰色体**（gray body）という．実験によれば，多くの工業用材料は灰色体と考えてよい．

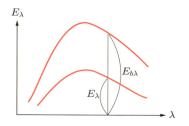

図 16.3 灰色体の定義の説明図

● 16.2.2 ステファン–ボルツマンの法則

黒体表面 $1\,\mathrm{m}^2$ 当たりから単位時間に放射される全エネルギー量は，プランクの法則による放射能を積分し，定数を入れると，

$$E_b = \int_0^\infty E_{b\lambda}\mathrm{d}\lambda = \int_0^\infty \frac{c_1\lambda^{-5}}{e^{c_2/\lambda T}-1}\mathrm{d}\lambda = \sigma T^4 \tag{16.5}$$

となる．これは，ステファン–ボルツマンの法則（Stefan–Boltzmann's law）とよばれる．ここで，σ はステファン–ボルツマン定数とよばれ，つぎの値をとる．

$$\sigma = 5.67 \times 10^{-8}\,\mathrm{W/(m^2 \cdot K^4)}$$

したがって，式 (16.5) はつぎのように表される．

> 黒体の単位面積の部分から単位時間に放射される熱量，すなわち放射能は，絶対温度の 4 乗に比例する．

さて，実際に存在する工業上の物質を灰色体と考えると，その表面から $1\,\mathrm{m}^2$ 当たり毎秒放射される全エネルギー量 E は，その物体の放射率を ε とし，T の単位を [K] とすると，式 (16.6) のようにきわめて簡単な数値式で表される．

$$E = \varepsilon E_b = 5.67\varepsilon\left(\frac{T}{100}\right)^4\,[\mathrm{W/m^2}] \tag{16.6}$$

通常の熱伝達や熱伝導に比べると，放射で伝わる熱量はその物体が高温になるほど顕著に増大する．なお，ギートはつぎのように述べ，自然の法則に驚異の讃辞を贈っている．

> 「放射で伝わる現象はきわめて複雑であるにもかかわらず，放射熱伝達による全熱量が，単に絶対温度の 4 乗の関数で表されるという事実は，自然の驚異の一つと考えられる」

表 16.1 に，さまざまな表面での放射率 ε の値を示す．

108 | 16章　放射伝熱はどのように行われるか

表 16.1　さまざまな表面での放射率

物質	表面	温度 [°C]	放射率 ε
鉄	研磨面	427〜1025	0.14〜0.38
	あらみがき面	100	0.17
	酸化鉄	100	0.31
鋳鉄	普通研磨面	200	0.21
	溶融状態	1300〜1400	0.29
	600°C で酸化した面	198〜 600	0.64〜0.78
鋼	研磨面	100	0.066
	鋼板平滑面	900〜1040	0.55〜0.60
	600°C で酸化した面	198〜 600	0.79
銅	普通研磨面	100	0.052
	600°C で酸化した面	200〜 600	0.57
	厚い酸化層	25	0.78
黄銅	高度研磨面	258〜 378	0.033〜0.037
	600°C で酸化した面	200〜 600	0.61〜0.59
金	研磨面	227〜 628	0.018〜0.035
銀	研磨面	38〜 628	0.020〜0.032
白金	研磨面	227〜 627	0.054〜0.104
れんが	赤れんが	21	0.93
	耐火れんが	590〜1000	0.80〜0.90
塗料	鉄面上の白エナメル	23	0.906
	鉄面上の黒ラッカー	24	0.875
木	かんなをかけた樫	70	0.91
ガラス	普通ガラス	90	0.88
水		0〜 100	0.95〜0.963

● **16.2.3　キルヒホッフの法則**

　図 16.4 のように，灰色体と完全黒体の二つの表面があり，両面はたがいに平行で，かつ一方からの放射がただちに他方にぶつかる程度に接近し，たがいに透過率はゼロであるものとする．

　灰色体と完全黒体の温度を T，T_b，放射能を E，E_b，吸収率を a，a_b とし，$T > T_b$ であるとする．

　いま，灰色体表面の単位面積から，単位時間に一定量の放射能 E [W/m²] を放射すると，これは黒体表面で完全に吸収される．つぎに，黒体表面から放射される放射能 E_b は灰色体において aE_b だけ吸収され，残りの $(1-a)E_b$ の部分は反射されて黒体表面に達すると全部吸収される．

　したがって，灰色体表面においては $E - aE_b$ だけのエネルギーを放射したことにな

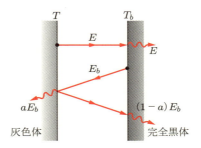

図 16.4 接近した平行二平面間の放射熱交換

る．すなわち，これは灰色体から $E - aE_b$ だけの熱エネルギーが減少したことを示している．

よって，$T = T_b$ のときにも，二面間に放射熱交換が行われているが，この場合は物体系は熱平衡の状態にあるから，灰色体から減少する熱エネルギーはゼロである．したがって，

$$E - aE_b = 0$$
$$\therefore \ a = \frac{E}{E_b} \tag{16.7}$$

となる．一方，放射率の定義より

$$\varepsilon = \frac{E}{E_b}$$

であるので，a は式 (16.8) で表される．

$$a = \varepsilon \tag{16.8}$$

この関係は，どのような物体にも適用できる．この式から導かれた**キルヒホッフの法則**（Kirchhoff's law）は，つぎのように表される．

> 物体の放射率 ε と吸収率 a とは等しい．

よって，よく吸収する物体ほどよく放射するといえる．ゆえに，たとえばあるガスがある特定の波長のところで，その波長のエネルギーを吸収する性質があれば，そのガスをその温度に上げると，同じ波長のエネルギーを同量だけ放射することがわかる．

● 16.2.4 ランバートの法則

図 16.5 において，面要素 dA_1 から放射される放射エネルギーの全量は，ステファン–ボルツマンの法則により，式 (16.9)，(16.10) のようになる．

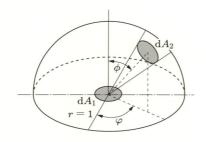

図 16.5 面要素からの放射

黒体の場合: $\qquad Q_b = E_b dA_1 = 5.67 \left(\dfrac{T}{100}\right)^4 dA_1 \text{ [W]} \qquad (16.9)$

灰色体の場合: $\qquad Q = E dA_1 = 5.67\varepsilon \left(\dfrac{T}{100}\right)^4 dA_1 \text{ [W]} \qquad (16.10)$

放射はもともと，物体表面上の各微小面要素から，それらを中心として半球状空間のすべての方向へ射出されるものであるが，図 16.5 のように，面要素 dA_1 から出る放射エネルギー dQ_1 のうち，dA_1 を中心とした半径1の球面上の面要素 dA_2 に到達するエネルギーの量はどのくらいだろうか．

以下に示す**ランバートの法則**（Lambert's law）が，この量の大きさを定める．

> 球面状の面要素 dA_2 に到達する放射エネルギーの量を d_1Q_2 とすると，通常の物体面より放射するエネルギーはその方向 ϕ にかかわらず，d_1Q_2 は面要素 dA_1 のその方向の正射影 $dA_1 \cos\phi$ および面積 dA_2 に比例する．

ゆえに，dA_1 の中心から dA_2 をのぞむ立体角を $d\omega$ とすると，立体角の定義から

$$d\omega = \dfrac{dA_2}{r^2} = dA_2 \quad (r=1)$$

であるので，上の法則より，d_1Q_2 は式 (16.11) のようになる．

$$d_1Q_2 = I dA_1 \cos\phi \, d\omega \qquad (16.11)$$

ここで，比例定数の値で定義される I は，任意の方向に対するもとの面の単位投影面積（$dA_1 \cos\phi = 1$）当たり，かつ単位立体角（$d\omega = 1$）当たり放射される放射エネルギーを表し，**放射強さ**（radiation intensity）とよばれる．放射強さは表面の物質，性状，温度などによって定まる．

そこで，いま定義した放射強さ I と放射能 E とには，どのような関係があるかを求めてみよう．

$$E = \frac{1}{dA_1} \int_\omega d_1 Q_2 = \int_\omega I \cos \phi \, d\omega$$

ところが，立体角 $d\omega$ は方位角 φ, $\varphi + d\varphi$ および天頂角 ϕ, $\phi + d\phi$ の各方向が，半径 r（$r = 1$ とする）の球面上から面積 dA_2 を切り取るから，立体角の定義より

$$d\omega = \sin \phi \, d\phi \, d\varphi$$

である．よって，面積要素 dA_1 から，**図 16.5** の半球立体角全体に放射される放射能 E は，つぎのように表される．

$$E = \int_\omega I \cos \phi \sin \phi \, d\phi \, d\varphi = \int_0^{2\pi} d\varphi \int_0^{\pi/2} I \cos \phi \sin \phi \, d\phi = \pi I$$

$$\therefore \quad I = \frac{1}{\pi} E \tag{16.12}$$

たとえば，鏡による反射に強い方向性があるように，厳密には I はあらゆる方向に対して，必ずしも一様ではないことがある．しかし，この積分を実施するとき，ランバートの法則によって I は天頂角 ϕ に無関係に一定として取り扱っている．このような面を散乱面とよんでいる．

式 (16.10)，(16.12) を式 (16.11) に代入すると

$$d_1 Q_2 = \frac{E}{\pi} dA_1 \cos \phi \, d\omega$$

$$= \frac{\varepsilon}{\pi} 5.67 \left(\frac{T}{100} \right)^4 dA_1 \cos \phi \, d\omega \ [\text{W}] \tag{16.13}$$

となる．これが有限表面間の放射熱交換の基本的な計算式である．

16.3 高温ガスの熱放射

これまでは固体表面からの放射について考えてきたが，ガスの放射は固体の場合とかなり趣が異なっている．

ガスの場合には，一般に分子の密度が固体よりもはるかに稀薄であるから，熱線はその間を透過し，ある程度の深さまで到着することができる．そのため，熱線の通過する距離およびその密度が問題となる．

また，とくに CO_2 もしくは H_2O といった3原子ガスはその自由度が多いため，よく放射線を吸収するが，その他の N_2, O_2, H_2 のようなガスは，CO_2, H_2O に比べて無視できる程度しか熱線を吸収しない．したがって，工学上の吸収率の取扱いでは，

CO_2 と H_2O だけを考えればよい.

たとえば，地球を取り巻く大気はきわめて厚いが，その中に含まれる CO_2 と水蒸気の量によって，その放射線吸収率が決まってくるので，大気汚染などによって CO_2 が増加することは，大気の吸収率を増すことを意味する.

図 16.6 のように無限空間に半径 L の有限の半球状ガス塊（温度 T_g）があり，その中心部分に黒体微小平面 dA（温度 T_1）があるとき，ガス塊から発して dA に到着し，吸収される熱エネルギー量を dQ_g とする．このとき，その値は図 16.7 のように表面温度が T_g である半球状黒体面に囲まれた場合の受熱量 dQ_0 との比較から，ガスの放射率を ε_g として，つぎのように表される．

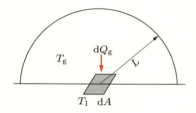 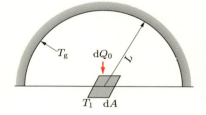

図 16.6　半球状ガスから吸収する放射熱量　　図 16.7　半球黒体面から吸収する放射熱量

$$dQ_g = \varepsilon_g dQ_0$$
$$= \varepsilon_g \sigma_0 \left\{ \left(\frac{T_g}{100}\right)^4 - \left(\frac{T_1}{100}\right)^4 \right\} dA \ [W] \quad (16.14)$$

ここで，ガスの放射率 ε_g は明らかに半球の半径 L およびガスの種類，温度，波長の関数である．さらに，固体の放射率 ε の場合と比べて，ε_g はガス塊の大きさ L の関数である点も大きく異なっている．

機械工学上で放射が問題となるガスとしてもっとも重要なものは，各種化石燃料の燃焼ガスである．一般に，純粋なアルコールなどを空気中で完全燃焼させるときには，ほとんど無色の炎ができ，これを不輝炎という．不輝炎の ε_g は，それに含有される CO_2，H_2O の含有率で決まる．これに対して，実際に火格子焚きの石炭や重油などからの燃焼ガス，および空気を絞った都市ガスバーナなどの火炎は，炎が着色して黄色く輝いてみえる．このように黄色に輝く炎を輝炎（luminous flame）という．輝炎は不輝炎より，放射熱量が大きい．

このように，炎が着色し，放射が増加するのは，炎の中に微小炭素粒，すなわち，すすもしくは未燃炭化水素の巨大分子を生じたためである．また，微粉炭燃焼の場合は，粉炭および灰粒を含んできて，それらの個々の粒子が固体放射を行うためである．こ

のような放射を炭塵放射ともいう.

　輝炎の状態は燃料種類, 燃料装置の形式, 空気比などによって大きく変わるので, すすおよび炭化水素による放射率 ε_c を定量的にあらかじめ定めることは難しい. **表 16.2** は ε_c のおおよその値である.

表 16.2　高温ガスの放射率の値

燃料および燃焼装置	ε_c
石炭および重油焚きの小型ボイラの燃焼室	0.2
1400〜1500 °C, 厚さ 0.7 m, 長さ 4 m の重油バーナ火炎	0.6〜0.8
8 m^3, 直径 1 m の微粉炭燃焼室	0.5〜0.7

演習問題

16.1　温度が 1200 °C で, 燃焼中の長さ 3 m, 幅 1.5 m の石炭火床面が完全黒体であるとしたときの全放射熱量を求めよ.

16.2　酸化した表面をもつ銅板が 900 °C に熱せられているときの表面放射熱流束を求めよ (**表 16.1** 参照).

16.3　放射率が 0.5 であるガス炎の温度が 1250 °C であるとき, それに接する壁面 (温度 200 °C) での放射熱流束を求めよ.

16.4　電気炉, 廃熱ボイラ, 重油焚き加熱炉, 微粉炭焚きボイラにおいては, それぞれ固体放射, 不輝炎放射, 輝炎放射, 炭塵放射による伝熱が主として行われているという. その様子を説明せよ.

17 二面間の放射伝熱の計算はどのように行うか

17.1 黒体二面間のとき

　放射伝熱を利用する機器においては，温度の異なる二つまたは多数の面の間の伝熱を計算しなければならないことが多い．

　まず，黒体の二面間について考える．

　図 17.1 において，dA_1，dA_2 は黒体二面 A_1，A_2 上の微小面要素であり，その二面間の距離を r とする．また，各面要素への垂線と r との間の天頂角を ϕ_1，ϕ_2 とする．

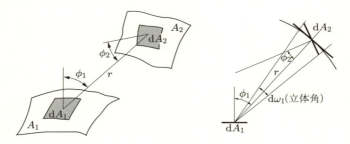

図 17.1　黒体二面間の放射

　このとき，dA_1 の位置から dA_2 をのぞむ立体角 $d\omega_1$ 内に単位時間当たりに放射されるエネルギー d_1Q_2 は，式 (16.11) より

$$d_1Q_2 = I_{b1} dA_1 \cos\phi_1 d\omega_1$$

である．立体角の定義より

$$d\omega_1 = \frac{dA_2 \cos\phi_2}{r^2}$$

$$d_1Q_2 = I_{b1} \frac{\cos\phi_1 \cos\phi_2}{r^2} dA_1\, dA_2 \tag{17.1}$$

となり，同様にして，dA_2 から dA_1 に向かって放射されるエネルギー d_2Q_1 は

$$d_2Q_1 = I_{b2} \frac{\cos\phi_1 \cos\phi_2}{r^2} dA_1\, dA_2 \tag{17.2}$$

となる．

17.1 黒体二面間のとき | 115

これらのエネルギーは，たがいの面で吸収される．したがって，dA_1 から dA_2 への正味の放射伝熱量 dQ は，式 (17.1)，(17.2) との差であるから

$$
\begin{aligned}
dQ &= d_1 Q_2 - d_2 Q_1 \\
&= (I_{b1} - I_{b2}) \frac{\cos\phi_1 \cos\phi_2}{r^2} dA_1\, dA_2 \\
&= \frac{1}{\pi}(E_{b1} - E_{b2}) \frac{\cos\phi_1 \cos\phi_2}{r^2} dA_1\, dA_2 \\
&= 5.67 \left\{ \left(\frac{T_1}{100}\right)^4 - \left(\frac{T_2}{100}\right)^4 \right\} \frac{1}{\pi} \frac{\cos\phi_1 \cos\phi_2}{r^2} dA_1\, dA_2
\end{aligned}
\tag{17.3}
$$

と表される．ただし，T_1，T_2 はそれぞれ dA_1 および dA_2 における絶対温度 [K] である（$T_1 > T_2$ とする）．

式 (17.3) が黒体二面間の放射熱交換の基礎式である．

つぎに，微小面要素 dA_1 と有限面積 A_2 との間の放射伝熱量は，式 (17.3) を dA_2 について積分すれば求まる．

$$
dQ = 5.67 \left\{ \left(\frac{T_1}{100}\right)^4 - \left(\frac{T_2}{100}\right)^4 \right\} F'_{1,2} dA_1
\tag{17.4}
$$

ただし，

$$
F'_{1,2} = \int_{A_2} \frac{\cos\phi_1 \cos\phi_2}{\pi r^2} dA_2
$$

である．

また，有限の広さの二面 A_1，A_2 間の放射伝熱は，さらに式 (17.4) を dA_1 について積分して

$$
Q = 5.67 \left\{ \left(\frac{T_1}{100}\right)^4 - \left(\frac{T_2}{100}\right)^4 \right\} F_{1,2} A_1
\tag{17.5}
$$

ただし，

$$
F_{1,2} = \frac{1}{A_1} \int_{A_1} \int_{A_2} \frac{\cos\phi_1 \cos\phi_2}{\pi r^2} dA_1\, dA_2
$$

である．

式 (17.4)，(17.5) における $F'_{1,2}$ および $F_{1,2}$ は，dA_1 と A_2 の間，あるいは A_1 と A_2 との面積および相互の位置関係に関する純幾何学的な関係から決定されるもので，形態係数（geometrical factor）とよばれる．

式 (17.5) は，面 A_2 を基準にすれば，つぎのように書き直すことができる．

$$Q = 5.67 \left\{ \left(\frac{T_1}{100}\right)^4 - \left(\frac{T_2}{100}\right)^4 \right\} F_{2,1} A_2 \tag{17.6}$$

ここで，$F_{2,1}$ は面 A_2 から面 A_1 をみたときの形態係数である．
式 (17.5) と式 (17.6) の Q は同一のものであるから，つぎの相互関係の式が導かれる．

$$A_1 F_{1,2} = A_2 F_{2,1} \tag{17.7}$$

形態係数は，いろいろな形状について求められている．図 17.2〜17.4 にその一例を示す．

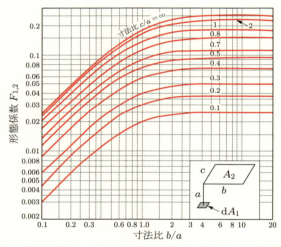

図 17.2 微小面要素 $\mathrm{d}A_1$ と，それに平行な有限長方形面間の形態係数

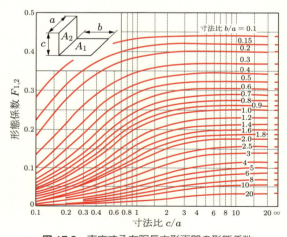

図 17.3 直交する有限長方形面間の形態係数

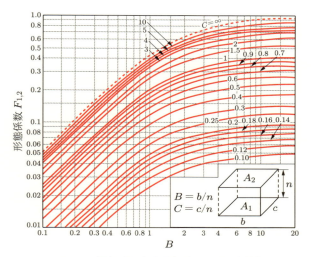

図 17.4　平行する有限長方形面間の形態係数

17.2　平行二平面のとき

図 17.5 のように，二つの平面 1 および 2 はたがいに平行で，面 1 から出た放射エネルギーが全部面 2 にぶつかる程度に接近している場合を考える．

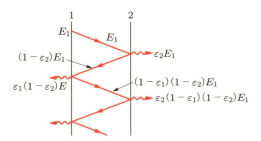

図 17.5　平行二平面間の放射により伝達する熱量

この場合，形態係数 $F_{1,2}$ および $F_{2,1}$ の値はともに 1 である．面 1 の温度を T_1，面 2 の温度を T_2 とする（$T_1 > T_2$）．

もし二つの平面がともに黒体の場合には，平面の単位面積から単位時間に伝わる熱量 q は式 (17.8) となる．

118　17 章　二面間の放射伝熱の計算はどのように行うか

$$q = 5.67 \left\{ \left(\frac{T_1}{100} \right)^4 - \left(\frac{T_2}{100} \right)^4 \right\} \ [\text{W/m}^2] \tag{17.8}$$

つぎに，黒体でない場合，面 1 の放射能を E_1，放射率を ε_1，面 2 のものをそれぞれ E_2，ε_2 とする．面 1 の単位面積から単位時間に放射された放射エネルギー E_1 は，面 2 に達すると，その ε_2 の部分は吸収され，$(1-\varepsilon_2)$ の部分は反射される．この反射された放射エネルギー $(1-\varepsilon_2)E_1$ は，面 1 に達すると，その ε_1 の部分は吸収され，$(1-\varepsilon_1)$ の部分は反射される．

以下同様の操作が順次繰り返されるから，面 1 の単位面積から放射したエネルギーのうち，面 2 が吸収する放射エネルギー q_2 は

$$q_2 = \varepsilon_2 E_1 + \varepsilon_2 (1-\varepsilon_1)(1-\varepsilon_2) E_1 + \varepsilon_2 (1-\varepsilon_1)^2 (1-\varepsilon_2)^2 E_1 + \cdots$$

$$= \frac{\varepsilon_2 E_1}{1 - (1-\varepsilon_1)(1-\varepsilon_2)}$$

となる．これに $E_1 = 5.67 \varepsilon_1 (T_1/100)^4$ を代入して

$$q_2 = 5.67 \frac{\varepsilon_1 \varepsilon_2}{1 - (1-\varepsilon_1)(1-\varepsilon_2)} \left(\frac{T_1}{100} \right)^4 \ [\text{W/m}^2] \tag{17.9}$$

となる．

同様にして，面 2 の単位面積から放射したエネルギーのうち，面 1 が吸収する放射エネルギー q_1 は

$$q_1 = \frac{\varepsilon_1 E_2}{1 - (1-\varepsilon_1)(1-\varepsilon_2)}$$

$$= 5.67 \frac{\varepsilon_1 \varepsilon_2}{1 - (1-\varepsilon_1)(1-\varepsilon_2)} \left(\frac{T_2}{100} \right)^4 \ [\text{W/m}^2] \tag{17.10}$$

となる．

したがって，平行二平面 1，2 のうち，面 1 から面 2 へ伝わる放射伝熱量 q は，さらに簡単な表示となって，単位面積当たりの式は，式 (17.11) のようになる．

$$q = q_2 - q_1$$

$$= 5.67 f_\varepsilon \left\{ \left(\frac{T_1}{100} \right)^4 - \left(\frac{T_2}{100} \right)^4 \right\} \ [\text{W/m}^2] \tag{17.11}$$

ただし，

$$f_\varepsilon = \frac{1}{(1/\varepsilon_1) + (1/\varepsilon_2) - 1}$$

であり，f_ε を物体系の間の放射伝熱の放射係数 (emissivity factor) という．

演習問題

17.1 放射率が 0.052 の普通研磨の銅板 2 枚を接近させて平行に置いてある．一方の面の温度が 250 °C，他方の面の温度が 50 °C であるとき，両平面間の熱放射による単位面積当たりの伝熱量を求めよ．

17.2 真空中に置かれた二つの平行な固体面の間に薄い遮断板 n 枚を固体面に平行に挿入したとき，遮断板面および固体面の放射率が等しい場合には，放射によって伝達する熱量は，遮断板のない場合の $1/(n+1)$ になることを示せ．

17.3 (a) 長方形 1，2 が図 17.6(a) のように離れて直交しているとき，形態係数 $F_{1,2}$ はつぎのように表されることを示せ．

$$F_{1,2} = \left(1 + \frac{A_3}{A_1}\right)(F_{1+3,2+4} - F_{1+3,4}) - \frac{A_3}{A_1}(F_{3,2+4} - F_{3,4})$$

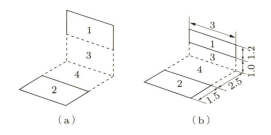

図 17.6

(b) つぎに，図 (b) のように長さが与えられたとき，実際に形態係数 $F_{1,2}$ を図 17.3 を参照して求めよ．ただし，寸法の単位は [m] である．

17.4 同心 2 重円管の環状路を熱空気が流れている．管路のある断面において，熱空気の温度が 300 °C で，内管の表面（熱空気にさらされた面）温度が 135 °C であるとき，内管表面の受ける熱量 (W/m²) はいくらか．ただし，熱空気にさらされた管（内管，外管とも）の表面における対流熱伝達率は 6.98 W/(m²·K)，放射率は 0.35 であり，外管の内径および内管の外径は，それぞれ 40 mm および 20 mm，また外管の保温は十分であって，熱損失は無視できるものとする．

17.5 Suppose some burnt gas, at the mean temperature of 927 °C, is flowing through a duct of 200 mm in diameter under about 1 atmosphere. When the inside surface temperature of the duct is kept at 527 °C (the emissivity from the gas to the inside surface is 0.25, and the heat transfer coefficient is 9.3 W/(m²·K)), calculate the total heat value transferred to 1 m² of the inside surface per hour.

Let heated air, (with zero emissivity,) in place of burnt gas above at the same mean temperature of 927 °C go through the duct under the same condition; compare the value of heat (W/m²) transferred from the heated air to the inside surface with that of the burnt gas above; then what is the percentage of the former to the latter? (The heat transfer coefficient of the air is also 9.3 W/(m²·K).)

17.6 (a) 図 17.7 のような二つの平行面で形成された空気層を通して，面 A から面 B へ単位面積当たりに伝えられる熱量を求めよ．ただし，温度 $t\,[°C]$ における空気の熱伝導率は

$$0.0237 + 7.09 \times 10^{-5}\,t\ [\mathrm{W/(m \cdot K)}]$$

であり，壁面の放射率は両面ともに 0.5 とし，層内の空気の対流はないものとする．

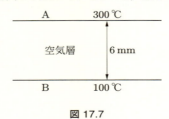

図 17.7

(b) つぎに，この空気層の中間に，放射率が両面とも 0.1 のアルミ箔を 1 枚入れたとすれば，この両壁面間の熱放射による伝熱量は，アルミ箔を入れない場合と比較してどのように変わるか．また，アルミ箔の温度を求めよ．

17.7 面積 5 m²，温度 1400°C の火床が温度 200°C の面積が十分小さい伝熱面と向かい合っている．火床の中心と伝熱面の中心とを結ぶ直線の長さが 5 m，その線は伝熱面には直角，火床に対しては 60°傾いている．火床および伝熱面の放射率をそれぞれ 0.95 および 0.85 として，伝熱面のその場所の熱負荷を求めよ．

17.8 人工衛星の蒸気プラントのコンデンサの放熱面には，放射伝熱面を使用したい．コンデンサ面からは，絶対零度である宇宙空間に熱放射が生じるとともに，太陽からの熱放射を受ける．

いま，太陽光線がそれに垂直断面当たり 7.3 kW/m² の熱放射をもつものとして，温度 $T\,[\mathrm{K}]$，断面積 A，太陽に対する角度 θ，吸収率 α である平面コンデンサの放熱能力 Q_r を示す式をつくり，同じ Q_r に対して A を小さくするためには，その他の値をどのようにとればよいかを述べよ．

18 物質伝達はどのように行われるか

18.1 物質伝達とはどのようなものか

図 18.1(a)～(g) のように，たとえば自由水面や濡れた衣類，濡れた板表面などから水が蒸発して乾燥する現象，固体のナフタリンからナフタリン分子が昇華する現象，液体の油の表面やロウソクの芯で燃料が蒸発すると同時に燃焼が行われる現象，角砂糖や塩の結晶の表面が水流で融解する現象などのように，2種類の物質の界面において，その界面を横切って水，ナフタリン，油，砂糖，塩などの分子が通過し，輸送される現象を **物質伝達**（mass transfer）という．

物質が蒸発や昇華するときは気化熱を奪い，また，融解するときは融解熱を奪うので，物質伝達は熱伝達と共存し，かつたがいに助け合うのが通常である．たとえば，熱伝達を良好にして熱エネルギーを供給することによって乾燥が促進される．

以上のほかに，図 (h) のように，ガスタービンブレード冷却のために，多孔質や多孔板，スリットなどから液やガスを強制的に吹き出す場合も物質伝達の一種である．ま

（a）水面からの蒸発

（b）濡れた衣類の乾燥

（c）濡れた固体面の乾燥

（d）ナフタリンの昇華

（e）油滴の燃焼

（f）ロウソクの燃焼

（g）角砂糖や塩の溶解

（h）タービンブレードの吹き出し冷却

（i）アブレーション冷却

図 18.1　各種の物質伝達

た，図 (i) のように，人工衛星の大気再突入時の本体保護のためプラスチック材を消耗させるアブレーション冷却も，物質伝達のみごとな応用の一例である．

18.2　拡散と拡散係数

図 18.2 のように，初め同一圧力で 2 室に分けてあったガス A，B の境界を取り除くと，A の分子は B の分子の中へ，また B の分子は A の分子の中へ進入してたがいに前進し，ついには全体が均一なガス A，B の混合ガスとなる．このような場合のガス分子の移動現象を**拡散**（diffusion）という．

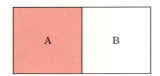
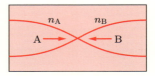

図 18.2　拡散

拡散は分子の濃度差によって生じ，分子は常に濃度の高いほうから低いほうへ流れる．いま，A，B のモル濃度を n_A, n_B（単位体積当たりのモル数：単位 [mol/m³]）とするとき，A，B の拡散のモル流束 [mol/(m²·s)] を v_A, v_B とすると，v_A, v_B は n_A, n_B の x 方向の勾配に比例し，式 (18.1) のように書ける．

$$v_A = -D_{AB}\frac{dn_A}{dx}, \qquad v_B = -D_{BA}\frac{dn_B}{dx} \tag{18.1}$$

このときの比例定数 D_{AB} は分子 A の分子 B 中への拡散速度，D_{BA} は分子 B の分子 A 中への拡散速度を示す物性値で，**拡散係数**（coefficient of diffusion, diffusivity：単位 [m²/s]）とよばれ，一般につぎのようになる．

$$D_{AB} = D_{BA} = D \tag{18.2}$$

D の値は A，B の組合せで異なる．

また，拡散係数は任意分子 A の濃度の代わりに，その分圧 p_A や密度 ρ_A の勾配によっても定義できる．w_A を分子 A の質量流束 [kg/(m²·s)] とするとき，拡散現象を式 (18.3) のように書くことがある．

$$\left.\begin{array}{l} w_A = -D_{pA}\dfrac{dp_A}{dx} \\ w_A = -D\dfrac{d\rho_A}{dx} \end{array}\right\} \tag{18.3}$$

ここで，D_{pA} は圧力基準拡散係数であって，ガス定数を R_A として，式 (18.4) で表される．

$$D_{pA} = \frac{D}{R_A T} \tag{18.4}$$

式 (18.3)，(18.4) の比例定数 D は，式 (18.2) の比例定数 D と同じで，拡散は強制的な吹き出しの場合を除いて，物質移動の主要な原動力となる．

18.3 濃度境界層

図 18.3(a)，(b) のように物体表面に粘性，摩擦および熱伝達が存在するときは，速度境界層と温度境界層が生じる．同様にして，物体表面で拡散などによる物質移動が存在するときは，図 (c) のような濃度境界層（もしくは拡散境界層）が形成される．

一例として，図 18.4 のように，濡れた物質の表面から湿度の低い大気中へ水が拡散する場合を例にとると，物質表面では，その表面温度 T_w における飽和状態にあると考えられるので，その温度に対応する水の飽和圧力 p_{sw} に等しい分圧力を水蒸気がもっていると考えられる．それに対し，外側の流れの中は低い水蒸気の分圧 p_b をもつだけであるので，水蒸気分圧は表面より外方に向かって傾斜し，その分圧力に対応する水蒸気濃度差の勾配が生じて拡散が起こる．

分圧力とその成分の濃度とは比例するので，この分圧勾配を受けもつ層が濃度境界層である．また，この層はその成分の分圧力の境界層ともいうことができる．

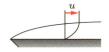

（a）速度境界層

（b）温度境界層

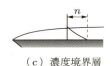

（c）濃度境界層

図 18.3　3 種の境界層

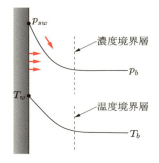

図 18.4　表面からの拡散

124 | 18章 物質伝達はどのように行われるか

濃度境界層の性質は熱境界層の性質とよく似ていて，濃度境界層が薄いほど物質伝達力が強く，また，流れが層流の場合と乱流の場合とで，熱境界層とまったく同じ影響を受ける．

18.4 物質伝達と熱伝達の相似

物体内に温度分布があるときの1次元熱伝導の式 (3.2)

$$q = -\lambda \frac{\partial T}{\partial x}$$

と，式 (18.1)，(18.2) による物質伝達の式

$$v = -D \frac{\partial n}{\partial x}$$

とは，T と n および λ と D を置き換えれば一致し，よく似ている．すなわち，温度境界層と濃度境界層の性質が似ているのはそのためである．

熱伝達におけるプラントル数 $Pr = \nu/a$ に相当する無次元数として

$$Sc = \frac{\nu}{D} \tag{18.5}$$

をシュミット数（Schmidt number）とすると，Sc は速度境界層に対する濃度境界層の厚さの比を決める．$Sc = 1$ のときは両者が等しい厚さとなる．多くのガス（H_2，O_2，N_2 など）では，Sc は1に近い．

このように，熱伝達と物質伝達が似ていることを両者の相似という．

いま，熱伝達における熱伝達率 h に対応する物質伝達の物質伝達率（coefficient of mass transfer）を h_D とし，モル濃度差 $n_1 - n_2$ のときのモル流束を v とするとき，h_D は式 (18.6) のようになる．

$$v = h_D(n_1 - n_2) \tag{18.6}$$

ここで，h_D の単位は [m/s] である．

また，熱伝達におけるヌセルト数 Nu に対応する無次元数はシャーウッド数（Sherwood number）Sh とよばれ，式 (18.7) のようになる．

$$Sh = \frac{h_D L}{D} \tag{18.7}$$

上記の相似の考えより，一般に，ある形状の物体の表面におけるある形式の流れの熱伝達率の無次元表示が，13章の章末に示したように

$$Nu = f(Re, Pr)$$

の形であれば，同じ形状の物体の表面での同じ形式の流れによる物質伝達の無次元表示は，上式と同じ関数形を保ったまま，式(18.8)のようになる．

$$Sh = f(Re, Sc) \tag{18.8}$$

このことは実験的にもよく証明されている．

上記の相似を利用して，ある物体の表面でのある流れの熱伝達率の値や分布を実験的に求めるため，図 18.5 のようにその物体の形状の模型を固形ナフタリンで作成し，それに対象とする形式の気流を当てて，ナフタリンの昇華による減

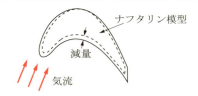
図 18.5　物質伝達の類推による熱伝達率の分布の測定実験

量より物質伝達率の値と分布を知り，それより熱伝達率の値と分布を推算することがある．これについて考察しよう．

通常ナフタリン模型は鋳込みによって製作し，その減量はダイヤルゲージなどで測長する．

18.5　吹き出し境界層による冷却

図 18.6(a) のように，高温ガスの流れにさらされている固体の表面を多孔質とし，そこから低温のガスをいっせいに強制的に吹き出す．このとき，物体の表面に図のような温度分布の低温のガスの層が生じて温度分布が変化するので，吹き出しのないときよりも高温ガスの表面への熱伝達率が低下し，結果的に，固体の表面の温度を低下させることが可能となる．このような方法を吹き出し境界層による冷却という．

吹き出し現象はその性質が物質伝達と同様であり，その解析も物質伝達の解析と同様に取り扱われている．

多孔質からの吹き出し以外に，図 (b) のように多数の小孔から吹き出される場合，図 (c) のように上流のスリットからまとめて吹き出される場合もある．図 (a)〜(c) はガスタービンブレードの冷却などに利用される．

また，強制的な吹き出しの代わりに，図 (d) のように，固体壁の成分そのものが蒸発もしくは昇華によってガス化し，壁にその成分が存在する間はガス化を継続して吹

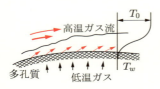
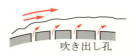
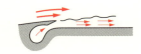

（a）多孔質面よりの吹き出し　　（b）多孔板よりの吹き出し

（c）上流スリットよりの吹き出し　（d）アブレーションによる冷却

図 18.6　吹き出し冷却とアブレーション冷却

き出しと同じ効果を生じる場合がある．この図 (d) のような場合を**アブレーション**（ablation）による冷却という．

アブレーションによって壁の消耗を生じるが，大気へ再突入する人工衛星は高温より本体を保護するため，表面にアスベストプラスチック材を固めたものを張り，プラスチック材より発生する H_2，CO などのガスによって，減速期間のアブレーション冷却を行っている．

18.6　燃焼における物質伝達はどのように行われるか

液滴やロウソクなどの燃焼における境界層内の現象は，前節の吹き出しによる境界層と熱伝達による境界層が複雑に入り組んだ現象である．

もっとも単純に考えた液滴の燃焼境界層の形式は，図 18.7 のようになる．すなわ

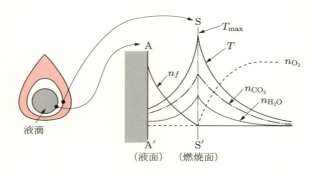

図 18.7　燃焼境界層の機構

ち，AA′ を液体の表面，SS′ を燃焼面，その外方は新鮮な空気とすると，温度 T や各成分の濃度に関して，つぎのようなことがらが与えられる．

① 燃料成分（たとえば有機ガス）の濃度 n_f は液滴表面でもっとも高く，外方にいくにつれて低くなって，SS′ において完全に燃焼が生じるので，それより外方はゼロとなる．燃料成分は AA′ より SS′ まで拡散で輸送される．

② 酸素の濃度 n_{O_2} は外方で大気の濃度に等しいが，燃焼面 SS′ において完全に消耗されて，それより内側はゼロとなる．酸素は外方より SS′ に向かって拡散で輸送される．

③ 燃焼によって発生した生成物，ガス，CO_2，H_2O などの濃度 n_{CO_2}，n_{H_2O} は，燃焼面 SS′ においてもっとも高く，内方および外方に向かって低下する．内方に向かって低下するのは，面 AA′ より燃料分子が拡散してくるので，逆方向の拡散が抵抗を受けるためである．

④ 温度 T の分布を考えると，燃焼面においては発熱があるのでもっとも高く，最高温度 T_{max} であるが，外方で低く，また，面 AA′ では液の蒸発熱を奪われるので，やはり低い．

⑤ 熱流は面 SS′ より両側に向かうが，内方に向かう熱流分に見合うだけの蒸発が液面において生じる．

⑥ 液面から生じる燃料の蒸発成分は，別の見方をすると，冷却境界層における吹き出しとまったく同じ冷却効果を生じ，液滴自体の温度上昇を防ぐことになる．

⑦ 液滴表面の n_f は表面温度に対応する飽和濃度に等しいと考えられるので，液滴温度が高くなるほど n_f も上昇し，燃焼が盛んになる．しかし，蒸発潜熱が大きく，かつ熱伝達率の低い燃料成分のときは，表面温度の上昇が遅くなる．

液滴燃焼は表面における熱伝達と物質伝達の複合と考えられるので，燃焼を良好にするために，燃料を予熱しておくこと，液滴をできるだけ微粒化して表面積を増やすこと，新鮮な空気との混合を良好にすることなどによって，熱伝達と物質伝達を良好にするための対策がとられていることを確認しよう．

演習問題

18.1 熱伝達との類推から，濡れた衣類を急速に乾燥させるための方法とその理由を定性的に述べよ．

18.2 食品や紙などを急速に乾燥させるため，それらを真空容器の中へ入れて加熱する真空乾燥装置がある．この装置が有効である理由を示せ．

128 18章 物質伝達はどのように行われるか

18.3 1枚の紙は空気中でよく燃えるが，多数の紙が重なっていると良好に燃えないのはなぜか．

18.4 干した魚はすぐ焼けるが，生の鳥肉は焼けるのに長時間かかる理由を考えよ．

18.5 アルコール（C_2H_5OH）が20°Cの温度で，表面積0.05 m^{2}の多孔質表面より定常的に拡散している．そのときのアルコールの表面蒸気圧は1333 Paであり，濃度境界層の厚さは4 mmであった．境界層内の濃度勾配は一様であると仮定して，このときの1時間当たりのアルコールの蒸発量を求めよ．ただし，アルコールの空気内への拡散係数は$D = 0.15 \times 10^{-4}$ m^2/sとする．また，アルコール蒸気は理想気体と考える．

18.6 ナフタリン（$C_{10}H_8$）の空気への拡散係数D [m^2/s]は，全圧をp [kPa]，温度Tの単位を [K] として

$$D \fallingdotseq 0.0513 \times 10^{-4} \left(\frac{T}{273}\right) \left(\frac{101.3}{p}\right) \ [\text{m}^2/\text{s}]$$

で表される．

大気圧のもと，温度20°Cにおいてナフタリン表面と大気の間の分圧の差が5.51 Paのとき，ヌセルト数が$Nu = 200$である熱伝達を与えることのできる空気流によって生じる直径2 cmのナフタリン球の物質伝達率と昇華質量速度を求めよ．ただし，ナフタリンの蒸発潜熱による効果を無視し，全システムは同一温度に保たれているものとする．また，空気のプラントル数を$Pr = 1$，ナフタリンのシュミット数を$Sc = 1$と近似的に仮定する．加えて，ナフタリン蒸気は理想気体と考える．

演習問題解答

2章

2.1 ① 熱伝導：アルミ箔が小さく切れているから，吸収する熱容量が小さいため．また，アルミニウム面に沿う熱の移動も小さい．② 熱伝達：空気の対流がアルミ箔で妨げられ，アルミ箔上部の空気による対流熱伝達が小さいため．③ 熱放射：アルミ箔が重なり合っているから，放射による熱の移動が乱反射によってさえぎられるため．

2.2 (a) 皮膚と外気との間に空気層を数多くつくるほど熱伝導が悪く，熱の放散が少ない．
(b) 空気の熱伝導率は 0 °C において 0.0241 W/(m·K) であるのに対して，水の熱伝導率はその約 23 倍の 0.554 W/(m·K) である．
(c) 身体の先端部は熱容量が小さい．
(d) 放射による熱量が蓄積する．
(e) 熱容量を大きくする．

2.3 解図 2.1 のとおり．

解図 2.1

2.4 ガラス壁を 2 重にして，その間の空気を抜き，その 2 重壁の真空になった内側の全面がめっきしてある．真空により，伝導および対流による熱の移動を防ぐ．めっきにより，放射による熱の移動を防ぐ．

2.5 (a) 1. 固体放射，2. 対流，3. 伝導，4. ガス放射
(b) 1. ガス放射，2. 固体放射，3. 対流，4. 伝導
(c) 1. 対流，2. ガス放射，3. 固体放射，4. 伝導
(d) 1. ガス放射，2. 固体放射，3. 対流，4. 伝導

2.6 (a) 大きい，小さい，(b) 大きい，(c) 大きい

3章

3.1 圧力 98.07 kPa のもとで，約 120 °C 付近．氷は固体だから，λ の値は増加する．水は 0 °C で 0.554 W/(m·K)，氷は 0 °C で 2.21 W/(m·K) である．

3.2 (a) 正しい．
(b) 急激に大きくなる（「小さくなる」が誤り）．約 25 倍（「約 1/25 倍」が誤り）．大きくなる（「小さくなる」が誤り）．

3.3 ① 保温力が大きいこと．すなわち熱伝導率が小さいこと．② 支持が容易であるように，軽いこと．③ 耐酸，耐熱，耐薬品性が強いこと．④ ある程度の材料的強度があること．⑤ 施工が容易で，工作しやすいこと．⑥ 安価で入手しやすいこと．

3.4 $q = -\lambda(d\theta/dx)$ において，$\lambda = a\theta + \beta$ とおける．これを代入して積分すると，$q_x = -(\alpha/2)\theta^2 + \beta\theta + \gamma$ となる．これは x 軸に関して上に凸の放物線を表すから，曲線 B である．

130　演習問題解答

4 章

4.1　$q = \dfrac{46.5}{0.075} \times 35 = 2.17 \times 10^4 \, \text{W/m}^2$

　　　$Q = qA = 2.17 \times 10^4 \times 60 = 1.30 \, \text{MW}$

4.2　$q = \dfrac{\theta_1 - \theta_2}{\dfrac{\delta}{\lambda}} = \dfrac{\theta_1 - \theta_2}{x_1 - x_2} \lambda \, [\text{W/m}^2]$

4.3　$q = \dfrac{\theta_1 - \theta_2}{\displaystyle\sum_{i=1}^{3} \dfrac{\delta_i}{\lambda_i}} = \dfrac{950 - 60}{\dfrac{0.2}{0.64} + \dfrac{0.1}{0.15} + \dfrac{0.05}{0.99}} = 864 \, \text{W/m}^2$

4.4　断面積をA，熱伝導率をλとすると，Aに流入する熱量とAから流出する熱量とが等しい.

$$\dfrac{\lambda(50 - \theta_A)}{2}A + \dfrac{\lambda(40 - \theta_A)}{2}A = \dfrac{\lambda(\theta_A - \theta_B)}{2}A + \dfrac{\lambda(\theta_A - 30)}{2}A$$

同様にして，Bについて熱収支を考え，

$$\dfrac{\lambda(\theta_A - \theta_B)}{2}A + \dfrac{\lambda(60 - \theta_B)}{2}A = \dfrac{\lambda(\theta_B - 20)}{2}A + \dfrac{\lambda(\theta_B - 10)}{2}A$$

よって上式より，つぎのように表される.

$$\theta_A = \dfrac{30 + 40 + 50 + \theta_B}{4}, \qquad \theta_B = \dfrac{10 + 20 + \theta_A + 60}{4}$$

これを解いて $\theta_A = 38\,°\text{C}$，$\theta_B = 32\,°\text{C}$.

　このように，正方形格子のときは，中央の値は算術平均値を表す. よって，周囲の温度がわかっているときの近似解に，この方法を用いることがある.

4.5　(a) マグネシアれんがを厚さ $x\,[\text{m}]$ 使用する場合，$\lambda = 0.52 \, \text{W/(m·K)}$ である.

　　マグネシアれんがを使用しないとき，熱流束 q_1 は $q_1 = \dfrac{850 - 80}{\dfrac{0.18}{0.64} + \dfrac{0.10}{0.15}} = 812.2$

　　マグネシアれんがを使用するとき，熱流束 q_2 は $q_2 = \dfrac{850 - 30}{\dfrac{0.18}{0.64} + \dfrac{x}{0.52} + \dfrac{0.10}{0.15}}$

　　ここで $q_1 = q_2$ より，$x = 0.032\,\text{m}$.

　(b) 断熱材の最高温度は赤れんがの裏側の温度に等しいときと考えると，

$$q_3 = \dfrac{850 - \theta}{\dfrac{0.18}{0.64}}$$

　　ここで $q_1 = q_3$ より，$\theta = 621.5\,°\text{C}$. れんがの熱伝導率を**解表 4.1** に示す.

解表 4.1

れんがの種類		使用温度 [°C]	熱伝導率 [W/(m·K)]
シャモットれんが	(63SiO_2, $30\text{Al}_2\text{O}_3$)	200〜1000	0.90〜1.28
けい石れんが	(97SiO_2, $1.6\text{Al}_2\text{O}_3$)	200〜1000	1.10〜1.67
マグネシアれんが	(89MgO, $9\text{Fe}_2\text{O}_3$)	200〜1000	0.38〜0.65
赤れんが	(普通れんが)	200〜1000	0.56〜1.40

4.6 炉壁の厚さは，通過する熱流束および温度差一定のときは熱伝導率に比例する．したがって，炉壁の厚さを最小にするためには，熱伝導率の小さい断熱れんがの厚さをその使用温度の許す範囲で大きくすればよい．ここで，断熱れんがの最高使用温度は $1000\,°C$ であるから，耐火れんがと断熱れんがとの境界面を $1000\,°C$ にすればよい．

耐火れんがの厚さを δ_1 とすると，熱流束 $q_1 = 4.65\,\mathrm{kW/m^2}$ であるから

$$4650 = \frac{1.74}{\delta_1}(1400 - 1000) \qquad \therefore \quad \delta_1 = 0.150\,\mathrm{m}$$

となる．つぎに，断熱れんがの厚さを δ_2 とすれば，その厚さはつぎのように求められる．

$$4650 = \frac{1000 - 250}{\dfrac{\delta_2}{0.35} + \dfrac{0.005}{40.7}} \qquad \therefore \quad \delta_2 = 0.0564\,\mathrm{m}$$

4.7 板の幅方向座標を x とし，幅が $\mathrm{d}x$ である帯状の層の両側面の熱流の差とその層内の発熱がバランスすると考えると，

$$-\lambda bL\left\{\left(\frac{\mathrm{d}\theta}{\mathrm{d}x}\right)_{x+\mathrm{d}x} - \left(\frac{\mathrm{d}\theta}{\mathrm{d}x}\right)_x\right\} = q'''bL\mathrm{d}x, \qquad \left(\frac{\mathrm{d}\theta}{\mathrm{d}x}\right)_{x+\mathrm{d}x} = \left(\frac{\mathrm{d}\theta}{\mathrm{d}x}\right)_x + \frac{d}{\mathrm{d}x}\left(\frac{\mathrm{d}\theta}{\mathrm{d}x}\right)_x \mathrm{d}x$$

であるので，基礎方程式は

$$-\frac{\mathrm{d}^2\theta}{\mathrm{d}x^2} = \frac{q'''}{\lambda}$$

となる．これを $x = 0$，$x = l$ で $\theta = \theta_0$ として積分すると，温度分布は

$$\theta = \frac{q'''}{2\lambda}x(l - x) + \theta_0$$

の放物線状となり，中央の温度 θ_m は $x = l/2$ として，つぎのようになる．

$$\theta_m = \frac{q'''l^2}{8\lambda} + \theta_0$$

5 章

5.1 (a) $q_1 = \dfrac{2\pi(200 - 20)}{\dfrac{1}{40.7}\ln\dfrac{110}{100} + \dfrac{1}{0.116}\ln\dfrac{210}{110}} = 202.8$

$$\therefore \quad Q = q_1 l = 20.3\,\mathrm{kW}$$

(b) $q_2 = \dfrac{2\pi(200 - 20)}{\dfrac{1}{0.116}\ln\dfrac{100}{94} + \dfrac{1}{40.7}\ln\dfrac{110}{100} + \dfrac{1}{0.116}\ln\dfrac{210}{110}} = 185.1$

よって $(q_1 - q_2)/q_1 = 8.7\,\%$ 減．

5.2 $q_\mathrm{a} = \dfrac{2\pi(\theta_1 - \theta_2)}{\dfrac{1}{\lambda_1}\ln\dfrac{18}{10} + \dfrac{1}{\lambda_2}\ln\dfrac{30}{18}}, \qquad q_\mathrm{b} = \dfrac{2\pi(\theta_1' - \theta_2')}{\dfrac{1}{\lambda_2}\ln\dfrac{26}{10} + \dfrac{1}{\lambda_1}\ln\dfrac{30}{26}}$

ここで，分母の差をとると

$$(q_\mathrm{a}\text{の分母}) - (q_\mathrm{b}\text{の分母}) = \left(\frac{1}{\lambda_1} - \frac{1}{\lambda_2}\right)\ln\frac{156}{100} > 0 \quad (\lambda_2 > \lambda_1 \text{より})$$

であるので，$\theta_1 - \theta_2$ と $\theta_1' - \theta_2'$ とが等しい場合を考えると，$q_\mathrm{a} < q_\mathrm{b}$ となる．ゆえに，保温効果は図 (a) のほうがよい．

5.3 $Q = \dfrac{2\pi\lambda l(\theta_1 - \theta_2)}{\ln\dfrac{d_2}{d_1}} = \dfrac{2\pi\lambda l(\theta_1 - \theta_2)}{\ln\dfrac{2\pi l r_2}{2\pi l r_1}} \cdot \dfrac{r_2 - r_1}{r_2 - r_1} = \dfrac{\lambda(2\pi r_2 l - 2\pi r_1 l)}{\ln\dfrac{A_2}{A_1}} \dfrac{\theta_1 - \theta_2}{r_2 - r_1}$

$$= \dfrac{\lambda(A_2 - A_1)}{\ln\dfrac{A_2}{A_1}} \cdot \dfrac{\theta_1 - \theta_2}{r_2 - r_1}$$

$$\therefore \quad Q = \lambda A_m \dfrac{\theta_1 - \theta_2}{r_2 - r_1} \ [\text{W}]$$

5.4 $Q = \pi\lambda\Delta\theta\dfrac{d_1 d_2}{\delta} = \pi \times 0.640 \times (1500 - 400) \times \dfrac{0.10 \times 0.05}{0.050 - 0.025} = 442.3 \text{ W}$

5.5 (a) $Q_1 = \pi\lambda\Delta\theta\dfrac{d_1 d_2}{\delta} = \pi\lambda(300 - 30) \times \dfrac{0.10 \times 0.30}{0.150 - 0.050} = 254.5\lambda$

また，$Q_2 = 12\,\text{W}.$

ここで，$Q_1 = Q_2$ より，$\lambda = 0.0472\,\text{W/(m·K)}.$

(b) $d_x = \dfrac{300 + 100}{2} = 200 = 0.2\,\text{m}$

$\theta_x = 300 - \dfrac{300 - 30}{\dfrac{1}{0.10} - \dfrac{1}{0.30}}\left(\dfrac{1}{0.10} - \dfrac{1}{0.20}\right) = 97.5°\text{C}$

5.6 管長 $1\,\text{m}$ のゴム板を通る熱量 Q_1 は

$$Q_1 = \dfrac{2\pi\lambda_1 l}{\ln\dfrac{d_2}{d_1}}(\theta_1 - \theta_2) = \dfrac{2\pi\left(0.215 + 0.000314 \times \dfrac{50 + 48}{2}\right) \times 1}{\ln\dfrac{116}{110}} \times (50 - 48)$$

$$= 54.5\,\text{W/m}$$

である．一方，管長 $1\,\text{m}$ の保温層を通る熱量 Q_2 は

$$Q_2 = \dfrac{2\pi\lambda_2}{\ln\dfrac{110}{60}}(145 - 50) = 985\lambda_2$$

である．ここで，$Q_1 = Q_2$ より，$\lambda_2 = 0.0553\,\text{W/(m·K)}.$

6章

6.1 (a) 温度分布が時間とともに変化しないとき，すなわち定常熱伝導では $\partial\theta/\partial t = 0$ となるから，定常熱伝導の微分方程式は $\dfrac{\partial^2\theta}{\partial x^2} + \dfrac{\partial^2\theta}{\partial y^2} + \dfrac{\partial^2\theta}{\partial z^2} = 0$ となる．よって，熱拡散率は定常熱伝導では考慮する必要はない．

(b) m^2/s

(c) 熱が高温の箇所から低温の箇所へ流れる法則は，熱力学の第二法則である．

(d) 伝熱能力，すなわち熱伝導率

(e) 蓄熱能力，すなわち体積熱容量

(f) 熱伝導率

6.2 厚さ $0.6\,\mathrm{m}$ を 10 等分して $\Delta x = 0.06\,\mathrm{m}$ とする．このとき，式 (6.11) より

$$\Delta t \leqq \frac{\Delta x^2}{2a} = \frac{0.06^2}{2 \times 0.556 \times 10^{-6}} = 3240\,\mathrm{s}$$

であるので，$\Delta t = 1800\,\mathrm{s}\,(= 0.5\,\mathrm{h})$ とする．式 (6.10) は次式のようになる．

$$\theta_{i,\,j+1} = \theta_{i,\,j} + 0.278(\theta_{i-1,\,j} - 2\theta_{i,\,j} + \theta_{i+1,\,j})$$

壁面加熱条件を式で示すと，つぎのようになる．

$$h(500 - \theta_{0,j+1}) = \frac{\lambda(\theta_{0,j+1} - \theta_{1,j})}{\Delta x}$$

$\Delta x = 0.06\,\mathrm{m}$, $\lambda = 1.16\,\mathrm{W/(m \cdot K)}$, $h = 5.82\,\mathrm{W/(m^2 \cdot K)}$ を代入し，式の係数を 3 桁の精度にまとめると，

$$\therefore \quad \theta_{0,j+1} = \frac{150 + \theta_{1,j}}{1.3}$$

ミラー条件より仮想の節点 $i = 11$ を考え，$\theta_{11,\,j} = \theta_{9,\,j}$ とおく．表計算ソフトにより各点の温度を求めると，**解図 6.1** のような分布になる．この解図で，2 行目の C2〜N2 セルは節点番号 (i) を示す．

	A	B	C	D	E	F	G	H	I	J	K	L	M	N	O
1															
2		時間	0	1	2	3	4	5	6	7	8	9	10	11	
3		0.0	20	20	20	20	20	20	20	20	20	20	20	20	
4		0.5	131	20	20	20	20	20	20	20	20	20	20	20	
5		1.0	131	51	20	20	20	20	20	20	20	20	20	20	
6		1.5	154	64	29	20	20	20	20	20	20	20	20	20	
7		2.0	165	80	36	22	20	20	20	20	20	20	20	20	
8		2.5	177	91	44	26	21	20	20	20	20	20	20	20	
9		3.0	186	102	52	29	22	20	20	20	20	20	20	20	
10		3.5	194	111	60	34	23	21	20	20	20	20	20	20	
11		4.0	201	120	67	38	26	21	20	20	20	20	20	20	
12		4.5	208	128	74	43	28	22	20	20	20	20	20	20	
13		5.0	214	135	80	47	30	23	21	20	20	20	20	20	
14															

解図 6.1

6.3 厚さ $0.45\,\mathrm{m}$ を 10 等分して $\Delta x = 0.045\,\mathrm{m}$ とする．このとき，式 (6.11) より

$$\Delta t \leqq \frac{\Delta x^2}{2a} = \frac{0.045^2}{2 \times 0.417 \times 10^{-6}} = 2428\,\mathrm{s}$$

であるので，$\Delta t = 1800\,\mathrm{s}$ とする．式 (6.10) は次式のようになる．

$$\theta_{i,\,j+1} = \theta_{i,\,j} + 0.3707(\theta_{i-1,\,j} - 2\theta_{i,\,j} + \theta_{i+1,\,j})$$

ミラー条件より $\theta_{6,\,j} = \theta_{4,\,j}$ とおき，境界条件より $\theta_{0,\,j} = 210$ とおく．表計算ソフトにより各点の温度を求めると，**解図 6.2** のような分布になる．

この解図より，レンガ中心の温度（H 列）が $100\,^\circ\mathrm{C}$ に到達するのは 9.5 時間と 10 時間の間であり，補間すると，9.8 時間後と求められる．

厳密解との比較

次式を用いて式 (6.8) を無次元化する．

$$T = \frac{210 - \theta}{210 - 30}, \quad x' = \frac{x}{l}, \quad t' = \frac{a}{l^2}t \qquad\qquad ①$$

$$\frac{\partial T}{\partial t'} = \frac{\partial^2 T}{\partial x'^2} \qquad\qquad ②$$

	A	B	C	D	E	F	G	H	I	J
1										
2		時間	0	1	2	3	4	5	6	
3		0.0	210	30	30	30	30	30	30	
4		0.5	210	97	30	30	30	30	30	
5		1.0	210	114	55	30	30	30	30	
6		1.5	210	128	68	39	30	30	30	
7		2.0	210	136	79	46	33	30	33	
8		2.5	210	142	88	54	37	33	37	
9		3.0	210	147	95	60	42	36	42	
10		3.5	210	151	102	66	46	40	46	
11		4.0	210	155	107	72	51	45	51	
12		4.5	210	157	112	77	57	50	57	
13		5.0	210	160	116	82	62	55	62	
14		5.5	210	162	120	87	67	60	67	
15		6.0	210	164	123	92	72	65	72	
16		6.5	210	166	127	96	77	70	77	
17		7.0	210	168	130	100	81	75	81	
18		7.5	210	169	133	104	86	80	86	
19		8.0	210	171	136	108	90	84	90	
20		8.5	210	172	139	112	95	89	95	
21		9.0	210	174	141	115	99	93	99	
22		9.5	210	175	144	119	103	97	103	
23		10.0	210	176	146	122	107	102	107	
24		10.5	210	178	148	125	111	105	111	
25										

解図 6.2

初期条件 $T(x', 0) = 1 \, (0 < x' < 1)$，境界条件 $T(0, t') = T(1, t') = 0$ のもとでこの偏微分方程式を解き，中心部分の温度変化を表すと，

$$T\left(\frac{1}{2}, t'\right) = \frac{4}{\pi} \sum_{k=1}^{\infty} \frac{(-1)^{k-1}}{2k-1} e^{-(2k-1)^2 \pi^2 t'} \qquad ③$$

$$= \frac{4}{\pi}\left\{ e^{-\pi^2 t'} - \frac{1}{3} e^{-3^2 \pi^2 t'} + \frac{1}{5} e^{-5^2 \pi^2 t'} + \cdots \right\}$$

となる．$\theta = 100$ を式①の最初の式に代入すると $T = 0.611$ となり，また，式③で $T(1/2, t') = 0.611$ となる t' を求めると，$t' \fallingdotseq 0.0743$ となる．したがって，

$$t = 0.0743 \times \frac{0.45^2}{0.417 \times 10^{-6}} \fallingdotseq 3.61 \times 10^4 \, \text{s}$$

ゆえに 10.0 時間後になるので，厚さを 10 等分する程度でも十分な精度が出ることがわかる．高精度が要求される場合は，分割数を大きくとる必要がある．

7章

7.1 $\quad q = \dfrac{1}{\dfrac{1}{93.0} + \dfrac{0.0002}{0.93} + \dfrac{1}{2330}} (1200 - 100) = 96.58 \, \text{kW/m}^2$

これは，水の温度を 100°C として，q を最小にみたときの値である．

つぎに，火炎側の紙の表面温度を θ_w とすると，$q = 93.0(1200 - \theta_w)$，$93.0(1200 - \theta_w) \geqq 96.58 \times 10^3$ より，$\theta_w \leqq 162$°C．よって，これは耐熱温度 170°C 以下であるから，紙でも耐えられる．

7.2 複雑な円管の場合の解法を示す．$Q/l = k_1 \pi(\theta_{f1} - \theta_{f2})$ である．ここで，熱抵抗は

$$\frac{1}{k_1} = \frac{1}{h_1 d_1} + \frac{1}{2\lambda_1} \ln \frac{d_2}{d_1} + \frac{1}{h_2 d_2}$$

であり，スケールが δ [m] 付着したときは，全熱抵抗 $1/k_2$ は次式のようになる．

$$\frac{1}{k_2} = \frac{1}{h_3(d_1 - 2\delta)} + \frac{1}{2\lambda_3}\ln\frac{d_1}{d_1 - 2\delta} + \frac{1}{2\lambda_1}\ln\frac{d_2}{d_1} + \frac{1}{h_2 d_2}$$

ここで，h_3：スケール表面と沸騰水との熱伝達率，$10^3 \sim 10^5$ W/(m^2·K) のオーダー
$\qquad h_2$：円管と凝縮する飽和水蒸気の熱伝達率，10^4 W/(m^2·K) のオーダー
$\qquad \lambda_1$：管の熱伝導率，鋳鉄は 50 W/(m·K)，炭素鋼は 35 W/(m·K) のオーダー
$\qquad \lambda_3$：スケールの熱伝導率，$0.2 \sim 2.0$ W/(m·K) のオーダー
$\qquad \theta_{f1}$：飽和水蒸気の温度
$\qquad \theta_{f2}$：沸騰水の温度

である．したがって，全熱抵抗を考えると，これは各箇所の熱抵抗の和であるから，伝熱に対する抵抗のうちでは，伝導の項が大きいことがわかる．よって，管壁が薄く，スケールが厚く付くと，スケールが伝熱量を支配するようになることがいえる．

7.3　平板の場合の熱抵抗は $\dfrac{1}{k} = \dfrac{1}{h_1} + \displaystyle\sum_{i=1}^{n}\dfrac{\delta_i}{\lambda_i} + \dfrac{1}{h_2}$

円管の場合の熱抵抗は $\dfrac{1}{k} = \dfrac{1}{h_1 d_1} + \displaystyle\sum_{i=1}^{n}\dfrac{1}{2\lambda_i}\ln\dfrac{d_{i+1}}{d_i} + \dfrac{1}{h_2 d_{n+1}}$

これらの熱抵抗のうち，最大の項が全熱抵抗を支配する．

(a) ①．れんがの $\lambda = 0.90 \sim 1.3$ W/(m·K)，$h = 0.35$ kW/(m·K) のオーダー．

(b) ③．伝熱抵抗は燃焼ガス，管壁，水のうちでは燃焼ガスの伝熱抵抗が一番大きい．したがって，燃焼ガスの対流伝熱のオーダーが最大．

(c) ①．スケールの付着した缶壁．

(d) ③．一般に，中空球の熱通過を考え，内径 d_1，外径 d_2，球壁の熱伝導率 λ，球の内部に温度 θ_{f1} の高温流体が充満し，温度 θ_{f2} の低温流体が周囲を包んでいるものとする．両流体の熱伝達率を h_1，h_2 とし，壁の表面温度を θ_{w1}，θ_{w2} とする．

このとき通過する熱量 Q は

$$Q = k\pi(\theta_{f1} - \theta_{f2})\ [\text{W}]$$

であり，球の熱抵抗は

$$\frac{1}{k} = \frac{1}{h_1 d_1{}^2} + \frac{1}{2\lambda}\left(\frac{1}{d_1} - \frac{1}{d_2}\right) + \frac{1}{h_2 d_2{}^2}$$

である．ここで，銅の λ は大きく，球の直径は小さいから，伝熱抵抗 $1/\lambda$ は空気の伝熱抵抗 $1/h_2 d_2{}^2$ に比べて十分小さい．

(e) ①．耐火物は λ が小さく，かつ厚さが大きいから，伝熱抵抗は空気より大きい．

7.4　耐火れんがを通る熱量 Q_1 は $Q_1 = \dfrac{1.74}{0.2}(1400 - 1000) = 3480$．断熱れんがを通り外気へ通過する熱量 Q_2 は，断熱材の厚みを x [m] とすると

$$Q_2 = \frac{1000 - 0}{\dfrac{x}{0.186} + \dfrac{1}{11.6}}$$

となる．$Q_1 = Q_2$ より，$x = 0.0374$ m．

7.5 外表面温度を θ とすると，燃焼ガスから外表面に伝わる熱量 q_1 は

$$q_1 = 対流伝熱量 + 放射伝熱量 = 17.4(800 - \theta) + 14.5 \times 10^3$$

また，平板外表面から沸騰水へ通過する熱量 q_2 は

$$q_2 = \frac{\theta - 150}{\dfrac{0.015}{58.2} + \dfrac{0.005}{1.74}}$$

となる．ここで，$q_1 = q_2$ より，$\theta = 227°\mathrm{C}$.

7.6 プラスチックの表面温度を θ_{w1}，アルミニウムの表面温度を θ_{w2} とすると

(a) $q_1 = \dfrac{2.44}{0.025}(50 - \theta_{w1})$, $q_2 = 11.4(\theta_{w1} - 21)$

$q_1 = q_2$ より，$\theta_{w1} = 47.0°\mathrm{C}$. よって，$q = 296.4\,\mathrm{W/m^2}$.

(b) $q_1 = \dfrac{164}{0.050}(50 - \theta_{w2})$, $q_2 = 11.4(\theta_{w2} - 21)$

$q_1 = q_2$ より，$\theta_{w2} = 49.9°\mathrm{C}$. よって，$q = 329.5\,\mathrm{W/m^2}$.

8章

8.1 直交流．冷却水，空気

8.2 直交流．ブライン，空気（自然対流）

8.3 各種形式のものがある．燃焼ガス，水

8.4 向流．燃焼ガス，銅ビレット（連続装荷）．そのほかに，誘導電熱式のものとして，低電圧電源からの電力により，誘導コイルに交番磁界が誘導され，コイル中に置かれたビレットに熱が発生し，正確に一定温度に保つことができるようにした装置がある．

8.5 向流．高温流体は膨張後の燃焼ガス，低温流体は高圧空気．高温で強度があり，高温腐蝕に対して安定であること，熱膨張係数が小さく，熱伝導率が大きく，熱衝撃に強いこと，体積を簡潔化できることなどが要求される．

8.6 図 8.1，図 8.2 より，伝熱面積もしくは熱伝達率が十分大きいときは，並流では θ_A と θ_B が一致し，向流では θ_A と θ_B の差がゼロに近づくことがすぐわかる．

8.7 蓄熱体 R が高速回転すると，R の各部分の温度の回転による変化が減少し，ついには通常の熱交換器の固定壁の温度に近づくので，図 8.6 のものでは向流型熱交換器に近づく．

9章

9.1 水が失った熱量とガスが得た熱量とが等しいから，

$$Q = c_w W_w(\theta_{w1} - \theta_{w2}) = c_g W_g(\theta_{g2} - \theta_{g1})$$

$$4.186 \times 10^3 \times 300(80 - \theta_{w2}) = 1 \times 10^3 \times 1000(40 - 15)$$

$$\therefore \quad \theta_{w2} = 60°\mathrm{C}$$

またこのとき，$Q = 25 \times 10^6\,\mathrm{J/h} = 6.944\,\mathrm{kW}$.

並流のときは $\Delta\theta_1 = 80 - 15 = 65$，$\Delta\theta_2 = 60 - 40 = 20$. よって

$$\Delta\theta_m = \frac{65 - 20}{\ln\dfrac{65}{20}} = 38.2, \quad Q = k\Delta\theta_m A \quad \therefore \quad A = \frac{6944}{29.1 \times 38.2} = 6.25\,\mathrm{m^2}$$

向流のときは $\Delta\theta_1 = 80 - 40 = 40$, $\Delta\theta_2 = 60 - 15 = 45$. $\Delta\theta_1$ と $\Delta\theta_2$ とにあまり差がないから，平均温度差は算術平均を用いる．

$$\Delta\theta_m = \frac{1}{2}(40 + 45) = 42.5 \qquad \therefore \quad A = \frac{6944}{29.1 \times 42.5} = 5.61\,\text{m}^2$$

9.2 冷却水管 1 本について，外部の蒸気より中の水へ伝わる熱量 Q_1 は

$$Q_1 = k'\pi l\Delta\theta_m$$

$$= \frac{1}{\dfrac{1}{3490 \times 0.020} + \dfrac{1}{2 \times 60.5}\ln\dfrac{0.022}{0.020} + \dfrac{1}{5820 \times 0.022}} \cdot \frac{(34.0 - 15) - (34.0 - 25)}{\ln\dfrac{34.0 - 15}{34.0 - 25}}$$

$$\times \pi \times 3 = 5501\,\text{W}$$

n 本の冷却水管を使用するとき，蒸気の失う熱量は $Q_2 = 1000 \times 2420 \times 10^3\,\text{J/h}$ である．よって，$nQ_1 = Q_2$ より $n \times 5501 \times 3600 = 1000 \times 2420 \times 10^3$，$n = 122.2$，すなわち 123 本必要となる．また，$k' = 43.6\,\text{W/(m·K)}$．

9.3 圧力 1.57 MPa の飽和温度は 200 °C である．この乾き蒸気から伝熱面を通して流れる熱量 Q はつぎのように表される．

$Q = （40 °C の水が 120 °C の飽和水になるのに要する熱量）+（120 °C の飽和水を 120 °C の湿り蒸気にするための熱量）$

解図 9.1 のように，水が接している伝熱面積を $A\,[\text{m}^2]$，湿り蒸気の接している伝熱面積を $B\,[\text{m}^2]$ とする．

まず，$A\,[\text{m}^2]$ の部分について考える．

$$Q_A = kA\Delta\theta_m = cW(\theta_{w2} - \theta_{w1})$$

$$\therefore \quad 349 \times A \times \frac{(200 - 40) - (200 - 120)}{\ln\dfrac{200 - 40}{200 - 120}}$$

$$= 4.20 \times 10^3 \times \left(200 \times \frac{1}{3600}\right)(120 - 40)$$

$$\therefore \quad A = 0.463\,\text{m}^2, \quad Q_A = 18.67\,\text{kW}$$

解図 9.1

同様にして，

$$Q_B = kB\Delta\theta'_m = x(h'' - h')\,[\text{W}]$$

ここで，$x(h'' - h')$ は乾き度 x の湿り蒸気の蒸発熱である．また，$B = 2 - A = 1.537$ であるので，

$$Q_B = 349 \times 1.537 \times 80 = x(2700 \times 10^3 - 502 \times 10^3)\left(200 \times \frac{1}{3600}\right)$$

$$\therefore \quad x = 0.351, \quad Q_B = 42.91\,\text{kW}$$

$$\therefore \quad Q = Q_A + Q_B = 18.67 + 42.91 = 61.58\,\text{kW}$$

138 演習問題解答

このQは，発生したドレンの蒸発熱に等しい．発生したドレンの量を$G\,[\mathrm{kg/h}]$とすると，つぎのようになる．

$$Q = G(h'' - h') \qquad \therefore \quad G = \frac{61580}{(2790 - 854) \times 10^3} \times 3600 = 114.5\,\mathrm{kg/h}$$

9.4 $Q_1 = kA_1\overline{\Delta\theta_1} = c_w W_w(100 - 15) = c_s W_s(300 - 150)$.

$Q_2 = kA_2\overline{\Delta\theta_2} = c_w W_w(\theta - 15) = c_s W_s(300 - 100)$.

よって，$\dfrac{Q_2}{Q_1} = \dfrac{\theta - 15}{100 - 15} = \dfrac{300 - 100}{300 - 150}$, $\theta = 128.3\,^\circ\mathrm{C}$.

つぎに，平均温度差としては対数平均温度差をとる．

$$\overline{\Delta\theta_1} = \frac{(300 - 100) - (150 - 15)}{\ln\dfrac{300 - 100}{150 - 15}} = 165.4$$

$$\overline{\Delta\theta_2} = \frac{(300 - 128.3) - (100 - 15)}{\ln\dfrac{300 - 128.3}{100 - 15}} = 123.3$$

$$\frac{A_2}{A_1} = \frac{l_2}{l_1} = \frac{Q_2\overline{\Delta\theta_1}}{Q_1\overline{\Delta\theta_2}} = \frac{200}{150} \times \frac{165.4}{123.3} = 1.79$$

9.5 送入する過熱蒸気の温度をθとすると，輸送管中に失われる熱量Q_1は

$$Q_1 = c_p W_g \Delta\theta = 2.05 \times 500 \times \frac{1}{3600} \times (\theta - 120) \times 1000$$

パイプより保温材を通り外気に通過する熱量Q_2は

$$Q_2 = k\Delta\theta_m\pi dl = 1.86 \times \frac{(\theta - 15) - (120 - 15)}{\ln\dfrac{\theta - 15}{120 - 15}} \times \pi(0.089 + 2 \times 0.03) \times 100$$

ここで，$Q_1 = Q_2$より，$\theta = 157.6\,^\circ\mathrm{C}$.

10章

10.1 (a) 横座標 $= 0.04\sqrt{\dfrac{2 \times 29.1}{50 \times 0.0003}} = 2.49$. よって，①型$= 0.41$，③型$= 0.36$.

(b) 横座標 $= 0.03\sqrt{\dfrac{2 \times 163}{372 \times 0.0001}} = 2.80$. よって，①型$= 0.35$，⑤型$= 0.29$.

10.2 $S = 2 \times (5 + 30) = 70\,\mathrm{mm} = 0.07\,\mathrm{m}$, $A = 5 \times 30 \times 10^{-6} = 1.5 \times 10^{-4}\,\mathrm{m^2}$, $\lambda = 46.5\,\mathrm{W/(m{\cdot}K)}$, $h = 23.3\,\mathrm{W/(m^2{\cdot}K)}$を式 (10.3) に代入すると，

$$m^2 = \frac{23.3 \times 0.07}{46.5 \times 1.5 \times 10^{-4}} = 233.8 \qquad \therefore \quad m = 15.29\,\mathrm{m^{-1}}$$

となる．これを式 (10.11) に代入して，

$$Q = 46.5 \times 1.5 \times 10^{-4} \times 15.29 \times (800 - 20) \times \tanh(15.29 \times 0.5) = 83.2\,\mathrm{W}$$

を得る．

一方，式 (10.9) に$\theta_x = 50$, $t_0 = 20$, $\theta_0 = 800$などを代入すると，

$$50 = 20 + \frac{\cosh\{15.29 \times (0.5 - x)\}}{\cosh(15.29 \times 0.5)} \times (800 - 20)$$

となり，右辺分子の cosh 関数について解くと，つぎのようになる．

$$\cosh\{15.29 \times (0.5 - x)\} = 40.196$$

$$\therefore \quad x = 0.5 - \frac{\cosh^{-1}(40.196)}{15.29} = 0.213 \text{ m}$$

10.3 1 ピッチ 8 mm だけについて考える．熱は水から空気へ流れるものとする．ひれの長さを 1 m にとる．符号は解図 10.1 参照．

(a) ひれがまったくない場合

単位面積当たりの通過熱量 q_0' は δ/λ を省略して，

$$q_0 = \frac{\theta_w - \theta_a}{\dfrac{1}{11.6} + \dfrac{1}{2.560}}$$
$$= 11.55(\theta_w - \theta_a) \text{ [W/m}^2]$$

1 ピッチ分の伝熱面積 $= 1 \times 0.008 = 0.008 \text{ m}^2$ であるので，単位ピッチ当たりの熱通過量 q_0' は

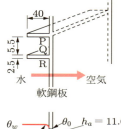

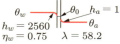

解図 10.1

$$q_0' = 11.55(\theta_w - \theta_a) \times 0.008 = 0.0924(\theta_w - \theta_a) \text{ [W/p]} \qquad ①$$

(b) 水側にひれをつける場合

(i) 解図の PQ 部は平行平面板なので，通過熱量 q_{a1}' は，

$$q_{a1}' = 11.55(\theta_w - \theta_a) \times 0.0055 = 0.06353(\theta_w - \theta_a) \text{ [W/p]} \qquad ②$$

(ii) QR 部はひれなので，水から軟鋼板への伝達熱量 q_{a2}' は，

$$q_{a2}' = \lambda A m (\theta_w - \theta_0) \tanh(ml) \cdot \eta_w$$

ここで，$\lambda =$ 軟鋼板の熱伝導率 $= 58.2 \text{ W/(m·K)}$

$$A = \text{ひれの断面積} = 1 \times 0.0025 \text{ m}^2$$
$$S = \text{ひれの周囲長} = 2 \times (1 + 0.0025) = 2.005 \text{ m}$$
$$m = \sqrt{\frac{h_w S}{\lambda A}} = \sqrt{\frac{2.560 \times 2.005}{58.2 \times 0.0025}} = 187.8 \text{ m}^{-1}$$
$$l = 0.04 \text{ m}$$

とすると，$ml = 7.512$，$\tanh(ml) = 1$ とできるので，

$$q_{a2}' = \lambda A m (\theta_w - \theta_0) \eta_w = 58.2 \times 0.0025 \times 187.8 \times (\theta_w - \theta_0) \times 0.75$$
$$= 20.49(\theta_w - \theta_0) \text{ [W/p]} \qquad ③$$

(iii) QR 部の軟鋼板から空気への伝達熱量を q'_{a3} とすると

$$q'_{a3} = h_a A(\theta_0 - \theta_a) = 11.6 \times 0.0025(\theta_0 - \theta_a)$$
$$= 0.029(\theta_0 - \theta_a) \text{ [W/p]} \quad ④$$

定常状態では $q'_{a2} = q'_{a3}$ なので，式 ③，④ より θ_0 を消去すると，

$$q'_{a2} = 0.02896(\theta_w - \theta_a) \text{ [W/p]} \quad ⑤$$

(iv) 水から空気への通過熱量の合計 q'_a は，

$$q'_a = q_{a1} + q_{a2} = 0.0925(\theta_w - \theta_a) \text{ [W/p]} \quad ⑥$$

(v) ゆえに，水側にひれをつけた場合と，まったくひれをつけない場合との伝達熱量の比は，$0.0925/0.0924 = 1.001$，すなわち 0.1 %増となる．

(c) 空気側にひれをつける場合

(i) 解図 10.2 の PQ 部では平行平板なので，通過熱量 q'_{b1} は，問 (a) と同じく，

$$q'_{b1} = 0.06353(\theta_w - \theta_a) \text{ [W/p]}$$

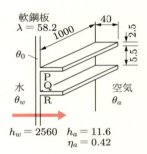

解図 10.2

(ii) QR 部については，水から軟鋼板への伝達熱量 q'_{b2} は，

$$q'_{b2} = h_w A(\theta_w - \theta_0)$$
$$= 2560 \times 0.0025(\theta_w - \theta_0)$$
$$= 6.4(\theta_w - \theta_0) \text{ [W/p]}$$

(iii) QR 部の，軟鋼板からひれを経た空気への伝達熱量 q'_{b3} は，

$$m = \sqrt{\frac{h_a S}{\lambda A}} = \sqrt{\frac{11.6 \times 2.005}{58.2 \times 0.0025}} = 12.64 \text{ m}^{-1}$$

$ml = 0.5056$

$$q'_{b3} = \lambda A m(\theta_0 - \theta_a) \tanh(ml) \cdot \eta_a$$
$$= 58.2 \times 0.0025 \times 12.64 \times (\theta_0 - \theta_a) \times \tanh(0.5056) \times 0.42$$
$$= 0.3603(\theta_0 - \theta_a) \text{ [W/p]}$$

$q'_{b2} = q'_{b3}$ とおき θ_0 を消去すると，

$$q'_{b2} = 0.3411(\theta_w - \theta_a) \text{ [W/p]}$$

(iv) 水から空気への伝熱量の合計 q'_b は，

$$q'_b = q'_{b1} + q'_{b2} = 0.4046(\theta_w - \theta_a) \text{ [W/p]}$$

(v) ゆえに，空気側にひれをつける場合と，まったくひれをつけない場合との伝熱量の比は，$0.4046/0.0924 = 4.379$ 倍となる．

(d) 両側にひれをつける場合

(i) 解図 10.3 のようにひれをつけるとすると，PQ 部の通過熱量 q'_{c1} は，
$$q'_{c1} = 0.06353(\theta_w - \theta_a) \text{ [W/p]}$$

(ii) QR 部の，水から軟鋼板への伝達熱量 q'_{c2} は，
$$q'_{c2} = 20.49(\theta_w - \theta_0) \text{ [W/p]}$$

(iii) QR 部の，軟鋼板からひれを経た空気への伝達熱量 q'_{c3} は，
$$q'_{c3} = 0.3603(\theta_0 - \theta_a) \text{ [W/p]}$$

$q'_{c2} = q'_{c3}$ とおき θ_0 を消去すると，
$$q'_{c2} = 0.3541(\theta_w - \theta_a) \text{ [W/p]}$$

(iv) 水から空気への通過熱量の合計 q'_c は，
$$q'_c = q_{c1} + q_{c2} = 0.4176(\theta_w - \theta_a) \text{ [W/p]}$$

(v) ゆえに，両側にひれをつける場合と，まったくひれをつけない場合との伝熱量の比は，$0.4176/0.0924 = 4.519$ 倍となる．

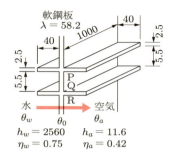

解図 10.3

10.4 ① $-2\pi r\lambda$，② πr^2，③ $-\dfrac{1}{2\lambda}q_v r$，④ $\dfrac{q_v r_0^2}{4\lambda}$，⑤ $2\pi r_0(\theta_w - \theta_f)$，⑥ $\dfrac{q_v r_0^2}{4\lambda}$

11 章

11.1 (a) ②，(b) ①

11.2 (a) 1.65×10^4，(b) 2.4×10^2，(c) $299.2\,°\text{C}$

11.3 $\dfrac{hL}{\lambda} \propto \left(\dfrac{l^3 g\beta\Delta\theta}{\nu^2} \times \dfrac{c_p\rho\nu}{\lambda}\right)^{1/4}$ より，$h \propto \lambda^{3/4}$

11.4 無次元数とは，ある基準量を分母にもったものであると考えて，つぎのように分類できる．比熱比，空気比，ポアソン比，締切比など"比"がつくもの，屈折率，空気過剰率，ボイド率など"率"がつくもの，摩擦係数，動作係数，揚力係数，抵抗係数など"係数"がつくもの，マッハ数，ヌセルト数など"数"がつくもの．

　工学に出てくる無次元数は多い．たとえば，流体工学において使用される主な無次元数には，オイラー数，圧力係数，フルード数，レイノルズ数，コーシー数，ウェーバー数などがある．

11.5 図 11.7 を参照．

12 章

12.1 $\left[\dfrac{\left(\dfrac{\text{W}}{\text{m}\cdot\text{K}}\right)^3 \times \left(\dfrac{\text{kg}}{\text{m}^3}\right)^2 \times \left(\dfrac{\text{m}}{\text{s}^2}\right)^2 \times \left(\dfrac{\text{W}\cdot\text{s}}{\text{kg}}\right)}{\left(\dfrac{\text{kg}}{\text{m}\cdot\text{s}}\right) \times \text{K} \times x}\right] = \left[\dfrac{\text{W}}{\text{m}^2\cdot\text{K}}\right]^4$　∴　$[x] = \left[\left(\dfrac{\text{m}}{\text{s}}\right)^2\right]$

142 演習問題解答

12.2 $\pi = w^a D^b \rho^c \mu^d L^e = \left(\dfrac{L}{S}\right)^a L^b \left(\dfrac{M}{L^3}\right)^c \left(\dfrac{M}{LS}\right)^d L^e = L^{a+b-3c-d+e} M^{c+d} S^{-a-d}$

無次元であるためには

$$\begin{cases} a + b - 3c - d + e = 0 \\ c + d = 0 \\ -a - d = 0 \end{cases}$$

でなければならない. ここで $b = 1$, $c = 1$ とおくと, $e = 0$, $a = 1$, $d = -1$. よって $\pi_1 = wD\rho/\mu$, すなわちレイノルズ数を表す.

つぎに $b = 1$, $d = 0$ とおくと, $a = 0$, $c = 0$, $e = -1$ より, $\pi_2 = D/L$. よって $f = f(Re, D/L)$.

13 章

13.1 $\dfrac{hL}{\lambda} = 0.023 \left(\dfrac{uL}{\nu}\right)^{0.8} \left(\dfrac{c_p \mu g}{\lambda}\right)^{0.33}$ $\qquad \therefore \quad h = \dfrac{0.023}{g^{0.47}} \times \dfrac{u^{0.8} c_p^{0.33} \lambda^{0.67} \gamma^{0.8}}{\mu^{0.47} d^{0.2}}$

これより, **解表 13.1** が求まる.

解表 13.1

2倍となる数	h の変化	2倍となる量	h の変化
γ	$2^{0.8} = 1.741$ 倍	u	$2^{0.8} = 1.741$ 倍
μ	$1/2^{0.47} = 0.722$ 倍	c_p	$2^{0.33} = 1.257$ 倍
d	$1/2^{0.2} = 0.871$ 倍	λ	$2^{0.67} = 1.591$ 倍

13.2 空気の物性値としては, 温度 $(100 + 40)/2 = 70°C$ を用いる.

(a) $Re = \dfrac{ul}{\nu} = \dfrac{50 \times 10 \times 10^{-2}}{20.02 \times 10^{-6}} = 2.5 \times 10^5 < 3.2 \times 10^5$. よって, 層流である.

(b) $Nu = 0.664 Pr^{1/3} Re^{1/2} = 0.664 \times (0.694)^{1/3} \times (2.5 \times 10^5)^{1/2} = 293.9$

(c) $h = \dfrac{Nu\lambda}{l} = \dfrac{293.9 \times 2.97 \times 10^{-2}}{0.10} = 87.29 \text{ W/(m}^2\cdot\text{K)}$

(d) $Q = h(\theta_w - \theta_f)A = 87.29(100 - 40) \times 10 \times 10^{-2} \times 50 \times 10^{-2} = 261.9 \text{ W}$

13.3 空気の物性値としては, 温度 $(20 + 100)/2 = 60°C$ を用いる. 臨界レイノルズ数としては $Re_c = 5 \times 10^5$ を用いる.

(a) $\dfrac{u_s x}{\nu} = Re_c$ より, $x = 5 \times 10^5 \times \dfrac{18.97 \times 10^{-6}}{50} = 0.19 \text{ m}$

(b) $\delta = 5.48 \times \dfrac{0.19}{\sqrt{5 \times 10^5}} = 0.0015 \text{ m}$

(c) $h = 0.664 \times 2.90 \times 10^{-2} \times 0.696^{1/3} \times (5 \times 10^5)^{1/2} \times \dfrac{1}{0.190} = 63.51 \text{ W/(m}^2\cdot\text{K)}$

14 章

14.1 熱容量が大きいので, 沸騰曲線を膜沸騰 → 遷移沸騰 → 核沸騰（サブクール）→ 強制対流の順に逆にたどる. しかし, 遷移沸騰の領域は短時間に通過する.

14.2 $q = (T_B - T_A)\lambda/L_{AB} [\text{W/m}^2]$. $\lambda = 384 \text{ W/(m}\cdot\text{K)}$, $L_{AB} = 5 \times 10^{-3} \text{ m}$ より q を求める. T_w は $T_w = T_A - (T_B - T_A)(2/5)$ より求め, $\Delta T_{sat} = T_w - 100$ とする. 結果は**解表 14.1** と**解図 14.1** のとおり.

解表 14.1

実験番号	ΔT_{sat} [K]	q [W/m²]	実験番号	ΔT_{sat} [K]	q [W/m²]
①	5.0	11520	⑦	27.04	990720
②	10.0	34560	⑧	30.0	921600
③	13.78	80640	⑨	40.0	576000
④	15.0	230400	⑩	60.0	345600
⑤	18.0	576000	⑪	100.0	207360
⑥	20.0	1152000	⑫	200.0	230400

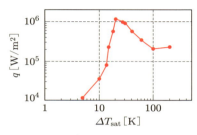

解図 14.1

14.3 箱の外面が $170\,°\text{C}$ のとき，熱流束 q は
$$q = (1200 - 170) \times 116 = 1.19 \times 10^5\ \text{W/m}^2$$
であって，これに対応する ΔT_{sat} はほぼ $15\,°\text{C}$ であり，箱の内面温度は $115\,°\text{C}$ とおける．ゆえに，紙の厚さを L として
$$q = 0.233 \times \frac{170 - 115}{L} = 1.19 \times 10^5$$
より，上限の厚さとして $L = 0.107$ mm を得る．

14.4 式 (14.3) および表 14.1 より，
$$q = \left(8.41 \times 6.86^{0.4}\right)^{\frac{1}{1-0.67}} \Delta T_{\text{sat}}^{\frac{1}{1-0.67}} = \left(8.41 \times 6.86^{0.4}\right)^{3.03} \Delta T_{\text{sat}}^{3.03}$$
$$= 3.57 \times 10^6\ \text{W/m}^2$$

14.5 $v' = 1/\rho_l$，$v'' = 1/\rho_v$ として，式 (14.4) から，
$$q_{\text{BO}} = 0.0121\, L^* \frac{1}{v'} \left(\frac{v'' - v'}{v'}\right)^{0.6}\ [\text{W/m}^2]$$

蒸気表より L^*，v''，v' は解表 14.2 のようになり，q_{BO} は上式から解表のように計算される．

14.6 沸騰熱伝達率は良好であって，かつ遠心力によって液体が高圧となり，加速度場の影響により q_{BO} が増すので，バーンアウトの心配が小さい．しかし，必要以上に冷却熱負荷をとり過ぎるという欠点が生じる．

144 演習問題解答

解表 14.2

p [MPa]	L^* [kJ/kg]	v'' [m³/kg]	v' [m³/kg]	q_{BO} [MW/m²]
0.1	2258	1.694	0.00104	1.36
1	2014	0.1943	0.00113	2.74
8	1443	0.0235	0.00138	3.93
12	1197	0.0143	0.00153	3.64

なお，数値については，一色尚次，北山直方「わかりやすい熱力学 第 3 版」（森北出版），pp.189–191 を参照した．

15 章

15.1 ボイラでは一方の媒体がガスであり，ガスの熱伝達率は一般に低い．それに対して，コンデンサでは一方の媒体が液相の水であり，その熱伝達率はガスに比べて高い．熱通過率は熱伝達率の低いものによって支配されるから，コンデンサのほうが熱通過率が高く，よって大きさも小さくなる．

15.2
$$h_D = \frac{4}{3} \times 0.707 \left\{ \frac{9.8065 \times 2453 \times 10^3 \times (0.594)^3 \times (998)^2}{1.009 \times 10^{-3} \times 10 \times 20 \times 10^{-3}} \right\}^{1/4}$$
$$= 11.84 \, \text{kW/(m}^2 \cdot \text{K)}$$

15.3 演習問題 15.2 の結果より，管外面と蒸気との温度差を ΔT_{sat} とすると，外面凝縮熱伝達率 h_D は

$$h_D = 11.8 \times 10^3 \left(\frac{10}{\Delta T_{sat}} \right)^{1/4} \tag{①}$$

で与えられる．ゆえに，つぎのようになる．

$$\frac{1}{k} = \frac{1}{4650} + \frac{0.0012}{0.698 \times 10^3} + \frac{1}{11.8 \times 10^3} \left(\frac{\Delta T_{sat}}{10} \right)^{1/4} \tag{②}$$

一方，全体の温度差が $8\,°C$ であるので，ΔT_{sat} は熱抵抗の比例配分より

$$\Delta T_{sat} = 8 \times \frac{k}{h_D} \tag{③}$$

でなければならない．

まず ΔT_{sat} を $1 \sim 3\,°C$ の間で適当に仮定して，式①，②より h_D と k を計算し，それを式③に代入して得られる ΔT_{sat} が，初めに仮定した値と一致するまでトライ・アンド・エラーを試みる．

結果は，$h_D = 18.4 \, \text{kW/(m}^2 \cdot \text{K)}$，$k = 3.97 \, \text{kW/(m}^2 \cdot \text{K)}$，$\Delta T_{sat} = 1.7\,°C$ である．

16 章

16.1 $Q = 5.67 \times \{(1200 + 273)/100\}^4 \times 3 \times 1.5 = 1.20 \, \text{MW}$.

16.2 表 16.1 より，酸化表面の銅の放射率は $\varepsilon = 0.78$ であるから

$$q = 5.67 \times 0.78 \times \left(\frac{900 + 273}{100} \right)^4 = 83.7 \, \text{kW/m}^2$$

16.3 $q = 5.67 \times 0.5 \times \left\{ \left(\frac{1250 + 273}{100} \right)^4 - \left(\frac{200 + 273}{100} \right)^4 \right\} = 151.1 \, \text{kW/m}^2$

16.4 省略

演習問題解答 | 145

17 章

17.1 $q = \dfrac{5.67}{\dfrac{1}{0.052} + \dfrac{1}{0.052} - 1}\left\{\left(\dfrac{250 + 273}{100}\right)^4 - \left(\dfrac{50 + 273}{100}\right)^4\right\} = 96.8\,\mathrm{W/m^2}$

17.2 各遮断板の温度を $T_1, T_2, \cdots, T_n$，両固体面の温度を T_0, $T_r\,[\mathrm{K}]$ とする.

$T_0 \sim T_1$ 間で放射によって伝わる熱量：$Q_1 = \varepsilon c\left\{\left(\dfrac{T_0}{100}\right)^4 - \left(\dfrac{T_1}{100}\right)^4\right\}$

$T_1 \sim T_2$ 間で放射によって伝わる熱量：$Q_2 = \varepsilon c\left\{\left(\dfrac{T_1}{100}\right)^4 - \left(\dfrac{T_2}{100}\right)^4\right\}$

$\vdots$

$T_n \sim T_r$ 間で放射によって伝わる熱量：$Q_r = \varepsilon c\left\{\left(\dfrac{T_n}{100}\right)^4 - \left(\dfrac{T_r}{100}\right)^4\right\}$

ここで，$Q_1 = Q_2 = \cdots = Q_r = Q$ とおけるから，これらを全部加算して，

$$(n+1)Q = \varepsilon c\left\{\left(\dfrac{T_0}{100}\right)^4 - \left(\dfrac{T_r}{100}\right)^4\right\}$$

$$\therefore \quad Q = \dfrac{1}{n+1}\varepsilon c\left\{\left(\dfrac{T_0}{100}\right)^4 - \left(\dfrac{T_r}{100}\right)^4\right\}$$

これは，しゃ断板のないときの $1/(n+1)$ になることを示している.

17.3 (a) 面 1（面積 A_1）から面 2（面積 A_2）をみたときの形態係数を $F_{1,2}$ とすると，つぎの相互関係が成り立つ.

$$A_1 \cdot F_{1,2} = A_2 \cdot F_{2,1} = A_2(F_{2,1+3} - F_{2,3}) = (A_1 + A_3)F_{1+3,2} - A_3 F_{3,2}$$
$$= (A_1 + A_3)(F_{1+3,2+4} - F_{1+3,4}) - A_3(F_{3,2+4} - F_{3,4})$$

(b) $F_{1+3,2+4}$ を求める. $b/a = (1.2 + 1.0)/3 = 0.73$, $c/a = (2.5 + 1.5)/3 = 1.33$. よって，**図 17.3** を利用して，$F_{1+3,2+4} = 0.26$ が求まる. 同様にして，$F_{1+3,4} = 0.23$, $F_{3,2+4} = 0.35$, $F_{3,4} = 0.34$. また，$A_1 = 3.6$, $A_3 = 3.0$. よって，

$$F_{1,2} = \left(1 + \dfrac{3.0}{3.6}\right)(0.26 - 0.23) - \dfrac{3.0}{3.6}(0.35 - 0.34) = 0.047$$

17.4 長さ 1 m 当たりについて考える. 内管が外管からの放射によって受ける熱量 Q_1 は，外管の温度を $\theta\,[^\circ\mathrm{C}]$ とすると

$$Q_1 = 5.67 \times 0.35 \times \pi \times 0.02\left\{\left(\dfrac{\theta + 273}{100}\right)^4 - \left(\dfrac{135 + 273}{100}\right)^4\right\}$$

外管が空気から対流によって受ける熱量 Q_2 は

$$Q_2 = 6.98 \times 0.04\pi(300 - \theta)$$

定常状態では $Q_1 = Q_2$ より $\theta = 241^\circ\mathrm{C}$. このような場合は，トライ・アンド・エラーの方法により，θ の値を適当に代入してみる. そして等式が成り立つような値に近づける. このとき，$Q_1 = Q_2 = 52.0\,\mathrm{W}$.

つぎに，内管が空気の対流から受ける熱量 Q_3 は

$$Q_3 = 6.98 \times 0.02\pi(300 - 135) = 72.4\,\text{W}$$

よって，内管 $1\,\text{m}^2$ 当たりの受熱量は

$$\frac{Q_1 + Q_3}{0.02\pi} = 1.98\,\text{kW/m}^2$$

17.5 放射伝熱量は

$$Q_r = 5.67 \times 0.25 \left\{ \left(\frac{927 + 273}{100}\right)^4 - \left(\frac{527 + 273}{100}\right)^4 \right\} \times 1 = 23.6\,\text{kW}$$

対流伝熱量は $Q_c = 9.3(927 - 527) \times 1 = 3.72\,\text{kW}$．よって，全伝熱量は $Q = Q_r + Q_c = 27.32\,\text{kW}$．

つぎに，空気の場合はガス放射がないので Q_c だけとなるから，

$$（空気の場合）:（ガスの場合）= 3.72 : 27.32 \qquad \therefore \quad 13.6\,\%$$

17.6 (a) A から B への単位面積当たりの放射熱量 q_r は，

$$\begin{aligned}
q_r &= \frac{5.67}{\dfrac{1}{0.5} + \dfrac{1}{0.5} - 1} \left\{ \left(\frac{273 + 300}{100}\right)^4 - \left(\frac{273 + 100}{100}\right)^4 \right\} \\
&= 1.67\,\text{kW/m}^2
\end{aligned}$$

空気層の単位面積当たりの伝導熱量 q_c は，

$$\begin{aligned}
q_c &= \frac{\left\{ 0.0237 + 7.09 \times 10^{-5} \times \left(\dfrac{300 + 100}{2}\right) \right\}}{0.006} \times (300 - 100) \\
&= 1.26\,\text{kW/m}^2
\end{aligned}$$

よって，全伝熱量 q は，$q = q_r + q_c = 2.93\,\text{kW/m}^2$．

(b) アルミ箔を入れたとき，A からアルミ箔に伝わる単位面積当たりの放射熱量 q_1 とアルミ箔から B へ伝わる単位面積当たりの放射熱量 q_2 とは定常状態では等しい．アルミ箔の温度を $T_a\,[\text{K}]$ とすると

$$q_1 = \frac{5.67}{\dfrac{1}{0.5} + \dfrac{1}{0.1} - 1} \left\{ \left(\frac{273 + 300}{100}\right)^4 - \left(\frac{T_a}{100}\right)^4 \right\}$$

$$q_2 = \frac{5.67}{\dfrac{1}{0.1} + \dfrac{1}{0.5} - 1} \left\{ \left(\frac{T_a}{100}\right)^4 - \left(\frac{273 + 100}{100}\right)^4 \right\}$$

$q_1 = q_2$ より，$T_a = 502\,\text{K} = 229\,^\circ\text{C}$ $\qquad \therefore \quad q_1 = 228\,\text{W/m}^2$

よって，$q_1/q_r = 228/1670 = 0.137$．

17.7 $d_1 Q_2 = 5.67 \times 0.95 \times 0.85 \left\{ \left(\frac{1400 + 273}{100}\right)^4 - \left(\frac{200 + 273}{100}\right)^4 \right\}$

$$\times \frac{\cos(90^\circ - 90^\circ)\cos(90^\circ - 60^\circ)}{\pi \times 5^2} \times 5 = 19.7\,\text{kW}$$

17.8　コンデンサが太陽光線から受ける熱放射の量は $Q_1 = 7.3 \times 10^3 \times aA \cos\theta$ [W]．また，コンデンサから 0 K の外界へ放射する熱量は $Q_2 = 5.67 \times a(T/100)^4 A$ [W]．よって，コンデンサの放射能力は $Q_r = Q_1 + Q_2$．

　　A を小さくするには，a を大きくすればよい．

18 章

18.1　衣類表面への供給熱量を増すためのすべての方法（太陽を含めた各種の熱源と熱伝達率の改良），水蒸気の分圧の差を増大させるためのすべての方法（表面温度の上昇と，外部の空気の乾燥）が含まれる．具体例は省略する．

18.2　演習問題 18.1 に準じるが，温度差の方向が逆である．

18.3　多数の紙が燃えるときは，外側の紙の燃焼による可燃ガスの生成が，アブレーション冷却と同じ効果をもたらすとともに，紙の中の燃え残り成分が断熱層を形成するので，燃焼が不良化する．

18.4　演習問題 18.3 に準じる．

18.5　アルコールの分子量は 46 であり，M をモル質量とすると，ガス定数は $R = 8.3145/M$ [J/(kg·K)] だから，圧力基準拡散係数 D_{pA} は

$$D_{pA} = \frac{D}{RT} = \frac{0.15 \times 10^{-4}}{(8.3145/0.046) \times 293} = 0.0283 \times 10^{-8}\,\mathrm{s}$$

よって，拡散質量速度 w は

$$w = -D_{pA}\frac{\Delta p}{\Delta x} = \frac{0.0283 \times 10^{-8} \times 1333}{4 \times 10^{-3}} = 9.43 \times 10^{-5}\,\mathrm{kg/(m^2 \cdot s)}$$

ゆえに，1 時間当たりの総蒸発量 W はつぎのようになる．

$$W = 9.43 \times 10^{-5} \times (3600\,\mathrm{s}) \times (0.05\,\mathrm{m^2}) = 1.698 \times 10^{-2}\,\mathrm{kg}$$

18.6　このときの D は

$$D = 0.0513 \times 10^{-4} \left(\frac{293}{273}\right) \times 1 = 5.51 \times 10^{-6}\,\mathrm{m^2/s}$$

である．

　　一方，$Pr = 1$，$Sc = 1$ のときは $Nu = f(Re) = Sh = 200$ となるので

$$h_D = Sh \times \frac{D}{L} = \frac{200 \times 0.0551 \times 10^{-4}}{2 \times 10^{-2}} = 0.0551\,\mathrm{m/s}$$

与えられた条件に対し，昇華の質量速度 w_A はつぎのようになる．

$$w_A = \frac{D}{RT}\Delta p = \frac{5.51 \times 5.51 \times 10^{-6}}{(8.3145/0.1282) \times 293} = 1.598 \times 10^{-9}\,\mathrm{kg/(m \cdot s)}$$

熱に関する主要単位換算率表

力：$1\,\mathrm{N}$ ＝ 質量 $1\,\mathrm{kg}$ にはたらき，加速度 $1\,\mathrm{m/s^2}$ を与える力
　　重力単位から SI 単位への換算　　$1\,\mathrm{kgf} = 9.81\,\mathrm{N}$
圧力：$1\,\mathrm{Pa} = 1\,\mathrm{N/m^2} = 1\,\mathrm{kg/(m \cdot s^2)} = 1\,\mathrm{J/m^3}$, $1\,\mathrm{Pa} \times \mathrm{m^3} = 1\,\mathrm{J}$
　　　$1\,\mathrm{bar} = 10^5\,\mathrm{Pa}$
　　　$1\,\mathrm{at} = 1\,\mathrm{kgf/cm^2}$
　　　　　　$= 98.07\,\mathrm{kPa}$
　　　$1\,\mathrm{atm} = 1$ 標準気圧
　　　　　　$= 760\,\mathrm{mmHg}$
　　　　　　$= 1.013\,\mathrm{bar}$
　　　　　　$= 1.013 \times 10^5\,\mathrm{Pa} = 101.3\,\mathrm{kPa}$
　　　　　　$= 1013.25\,\mathrm{mb}$
　　　$1\,\mathrm{ata} = 1\,\mathrm{kgf/cm^2} = 98.07\,\mathrm{kPa}$
　　　重力単位から SI 単位への換算　　$1\,\mathrm{Pa} = 1.020 \times 10^{-5}\,\mathrm{kgf/cm^2}$
　　　　　　　　　　　　　　　　　　　$1\,\mathrm{kgf/cm^2} = 98.07\,\mathrm{kPa}$
　　　　　　　　　　　　　　　　　　　$1\,\mathrm{kgf} = 1\,\mathrm{kg} \times 9.80665\,\mathrm{m/s^2} = 9.81\,\mathrm{N}$
熱量，仕事：$1\,\mathrm{J}$ ＝ 仕事の単位（$1\,\mathrm{N}$ の力が物体に作用して，$1\,\mathrm{m}$ の距離を動かすときの仕事）
　　　　　　＝ エネルギーの単位（この仕事に相当するエネルギー）
　　　　　　$= 1\,\mathrm{N \cdot m} = 1\,\mathrm{W \cdot s} = 1\,\mathrm{kg \cdot m^2/s^2}$
　　　重力単位から SI 単位への換算　　仕事　$1\,\mathrm{kgf \cdot m} = 9.81\,\mathrm{N \cdot m} = 9.81\,\mathrm{J}$
　　　　　　　　　　　　　　　　　　　熱量　$1\,\mathrm{kcal} = 4.186\,\mathrm{kJ}$
　　　　　　　　　　　　　　　　　　　比熱　$1\,\mathrm{kcal/(kg \cdot {}^\circ C)} = 4.186\,\mathrm{kJ/(kg \cdot K)}$
動力：$1\,\mathrm{W}$ ＝ 単位時間になされる仕事の割合（仕事率）
　　　　＝ 1 秒間に $1\,\mathrm{J}$ の仕事をするときの仕事率
　　　　$= 1\,\mathrm{J/s} = 1\,\mathrm{N \cdot m/s} = 10^7\,\mathrm{erg/s}$
　　　重力単位から SI 単位への換算　　$1\,\mathrm{PS} = 75\,\mathrm{kgf \cdot m/s} = 735.5\,\mathrm{W} = 735.5\,\mathrm{J/s}$
　　　　　　　　　　　　　　　　　　　$1\,\mathrm{PSh} = 0.7355\,\mathrm{kWh} = 632.5\,\mathrm{kcal} = 2.648\,\mathrm{MJ}$
　　　　　　　　　　　　　　　　　　　$1\,\mathrm{kWh} = 860\,\mathrm{kcal} = 1.360\,\mathrm{PSh} = 3.6\,\mathrm{MJ}$
　　　　　　　　　　　　　　　　　　　$1\,\mathrm{kcal/s} = 4.187\,\mathrm{kW}$
　　　　　　　　　　　　　　　　　　　$1\,\mathrm{kW} = 860\,\mathrm{kcal/h} = 1.360\,\mathrm{PS} = 102\,\mathrm{kgf \cdot m/s}$
熱流束：$1\,\mathrm{W/m^2}$ ＝ 単位面積（$1\,\mathrm{m^2}$）当たり単位時間（1 秒）に移動する熱量
　　　　　　　　　　　$= 0.8598\,\mathrm{kcal/(m^2 \cdot h)}$
　　　$1\,\mathrm{kcal/(m^2 \cdot h)} = 1.163\,\mathrm{W/m^2}$
熱伝導率：$1\,\mathrm{W/(m \cdot K)} = 0.8598\,\mathrm{kcal/(m \cdot h \cdot {}^\circ C)}$
　　　　　$1\,\mathrm{kcal/(m \cdot h \cdot {}^\circ C)} = 1.163\,\mathrm{W/(m \cdot K)}$
熱伝達率：$1\,\mathrm{W/(m^2 \cdot K)} = 0.8598\,\mathrm{kcal/(m^2 \cdot h \cdot {}^\circ C)}$
　　　　　$1\,\mathrm{kcal/(m^2 \cdot h \cdot {}^\circ C)} = 1.163\,\mathrm{W/(m^2 \cdot K)}$
温度伝導率：$1\,\mathrm{m^2/s} = 3600\,\mathrm{m^2/h}$
　　　　　　$1\,\mathrm{m^2/h} = 2.778 \times 10^{-4}\,\mathrm{m^2/s}$

参考文献

[1] 日本機械学会（編）：機械工学便覧，日本機械学会

[2] 日本機械学会（編）：伝熱工学資料，日本機械学会

[3] 日本機械学会（編）：沸騰熱伝達，日本機械学会

[4] 中央熱管理協議会（編）：熱管理士試験問題解答集，中央熱管理協議会

[5] 谷下市松（編）：熱工学ハンドブック，山海堂

[6] 一色尚次：伝熱工学，森北出版

[7] 甲藤好郎：伝熱概論，養賢堂

[8] W. H. Giedt（原著），横堀 進，久我 修（訳）：基礎伝熱工学，丸善

[9] M. A. Mikheev（原著），内田秀雄，鎌田重夫（訳）：基礎伝熱工学，東京図書

[10] 沢田照夫：熱力学，森北出版

[11] 一色尚次，内田秀雄，柴山信三，谷下市松：応用熱力学（標準機械工学講座 12），コロナ社

[12] 坪内為雄（編）：熱交換器，朝倉書店

[13] 西脇仁一（編著）：熱機関工学，朝倉書店

[14] F. Kreith：Principles of Heat Transfer, International Textbook Company

[15] R. M. D. Eckert：Heat and Mass Transfer, McGraw-Hill

[16] W. H. McAdams：Heat Transmission, McGraw-Hill

[17] G. D. Smith（原著），藤川洋一郎（訳）：電算機による偏微分方程式の解法，サイエンス社

索 引

あ 行

アブレーション　126
1次元の定常温度場　8
ウィーンの変位則　106
円管の熱伝導　18
温度境界層　60
温度効率　48
温度場　8

か 行

拡散　122
拡散係数　122
拡大面　54
核燃料片　56
隔板式熱交換器　40
核沸騰　91
乾き度　94
環状流　94
完全黒体　105
完全透明体　105
完全白体　105
管胴形式　41
輝炎　112
岐点温度　77
気泡流　94
球状壁の温度分布　20
凝縮現象　99
強制対流　59
強制対流熱伝達　5, 59
強制対流沸騰　94
局所熱伝達率　61
キルヒホッフの法則　109
空気予熱器　42
グラスホフ数　66
形態係数　115
高熱流束核沸騰　92

さ 行

向流　41
コンデンサ　99

サブクール沸騰　90
サーマルショック　22
次元　78
自然対流　59, 90
自然対流熱伝達　5, 59
シャーウッド数　124
シュミット数　124
蒸気質　94
ステファン−ボルツマン定数　107
ステファン−ボルツマンの法則　107
スラグ熱交換器　42
スラグ流　94
遷移沸騰　94
全熱通過率　35
全熱抵抗　32, 35
層流域　60
層流境界層　60
速度境界層　60

た 行

対数平均温度差　47
対数平均面積　20
対流熱伝達　5
対流熱伝達に関する実験式　84
多層平面板　14
断熱材　10
蓄熱式（再生式）熱交換器　42
直接接触式熱交換器　42

直交流　41
定常熱伝導　8
滴状凝縮　100
伝熱学　6
伝熱現象　2
伝熱工学　1, 6
伝熱面熱負荷　7

な 行

二相流沸騰　94
ニュートンの冷却の法則　30
ヌセルト数　63, 81
熱拡散率　24
熱貫流率　32
熱交換器　40
熱衝撃　22
熱通過　6, 31
熱通過率　32
熱伝達　5, 30
熱伝達率　30, 61
熱伝達率を求める順序　86
熱伝導　4, 7
熱伝導率　9
熱ふく射　5
熱放射　5, 104
熱力学の第二法則　4
熱流束　7

は 行

灰色体　106
バッキンガムの π-定理　79
バーンアウト　92
バーンアウト点　92

バーンアウト熱流束　92
非定常熱伝導　8, 22
非沸騰　90
ひれ　50, 54
ひれ効率　54
フィン　50
不輝炎　112
ふく射　104
物質伝達　121
物質伝達率　124
沸騰開始点　94
沸騰曲線　94
沸騰特性曲線　93
沸騰熱伝達　89
プランクの法則　105
プラントル数　64, 82

フーリエの微分方程式
　24
フーリエの法則　9
プール沸騰　94
噴霧流　94
平均熱伝達率　61
並流　40
ボイド率　94
放射　104
放射係数　118
放射強さ　110
放射能　105
放射率　106
飽和沸騰　91
保温材　10

ま　行

膜状凝縮　100
膜沸騰　92
膜沸騰の極小熱流束　92
無次元数　62

や　行

焼入れ　22

ら　行

ランバートの法則　110
乱流域　60
乱流境界層　60
流体の全温度　77
冷却塔　42
レイノルズ数　62, 81

著 者 略 歴

一色　尚次（いっしき・なおつぐ）（故人）
東京大学航空原動機学科卒業
鉄道技術研究所，船舶技術研究所
および東京工業大学教授，日本大学工学部教授を経て
東京工業大学名誉教授　工学博士

北山　直方（きたやま・なおかた）（故人）
九州大学機械工学科卒業
九州大学工学部助手
および大分工業高等専門学校教授を経て同名誉教授

編集担当	藤原祐介・大野裕司（森北出版）
編集責任	富井　晃（森北出版）
組　版	ディグ
印　刷	同
製　本	協栄製本

伝熱工学　新装第2版　　　　　　　ⓒ 一色尚次・北山直方　2018

1971 年 6 月 25 日	第1版第1刷発行	【本書の無断転載を禁ず】
1982 年 8 月 20 日	第1版第14刷発行	
1984 年 4 月 10 日	改訂・SI併記第1刷発行	
2014 年 3 月 10 日	改訂・SI併記第34刷発行	
2014 年 11 月 4 日	改訂・新装版第1刷発行	
2018 年 3 月 9 日	改訂・新装版第4刷発行	
2018 年 10 月 29 日	新装第2版第1刷発行	
2024 年 3 月 29 日	新装第2版第5刷発行	

著　　者　一色尚次・北山直方
発 行 者　森北博巳
発 行 所　森北出版株式会社
　　　　　東京都千代田区富士見 1-4-11（〒 102-0071）
　　　　　電話 03-3265-8341／FAX 03-3264-8709
　　　　　https://www.morikita.co.jp/
　　　　　日本書籍出版協会・自然科学書協会　会員
　　　　　JCOPY　＜（一社）出版者著作権管理機構 委託出版物＞

落丁・乱丁本はお取替えいたします.

Printed in Japan ／ ISBN978-4-627-61074-3